艺术设计
ARTDESIGN

居住空间室内外环境设计

JUZHU KONGJIAN SHINEIWAI HUANJING SHEJI

主　编　任康丽　刘育晖

副主编　白歌乐　李　军　汪　浩

U0303325

华中科技大学出版社
http://www.hustp.com
中国·武汉

内 容 简 介

　　本书包括以下内容：居住建筑标准与建筑设计规范，居住环境中的人体工程学设计，起居室、餐厅、厨房、卧室、玄关功能分析与设计，储藏空间、书房、儿童房、老人房设计要点，居住空间光环境设计，居住空间色彩设计原理及方法，居住空间软装设计与搭配技巧，居住空间装饰材料的选择与运用，居住空间庭院、阳台与露台设计，居住空间室内外环境设计学生作品分析。本书是一本理论与实践相结合的实用性书籍，全面介绍了居住空间室内外环境设计的规范与法则、不同居住空间的室内装饰风格、居住空间中各种功能空间的设计方法，以及室内光环境设计及绿植配置原则等内容。本书共十章，大部分章节后都附有思考题，供学生进行思考和分析。

图书在版编目（CIP）数据

居住空间室内外环境设计 / 任康丽，刘育晖主编.— 武汉：华中科技大学出版社，2017.12（2023.7重印）

高等院校艺术学门类"十三五"规划教材

ISBN 978-7-5680-3479-1

Ⅰ.①居…　Ⅱ.①任…　②刘…　Ⅲ.①居住空间 – 室内装饰设计 – 高等学校 – 教材　②居住空间 – 室外装饰 – 环境设计 – 高等学校 – 教材　Ⅳ.①TU238

中国版本图书馆 CIP 数据核字(2017) 第 289128 号

居住空间室内外环境设计　　　　　　　　　　　　　　　　　　　任康丽　刘育晖　主编
Juzhu Kongjian Shineiwai Huanjing Sheji

策划编辑：彭中军
责任编辑：徐桂芹
封面设计：孢　子
责任监印：朱　玢
出版发行：华中科技大学出版社（中国·武汉）　　　电话：（027）81321913
　　　　　武汉市东湖新技术开发区华工科技园　　　邮编：430223
录　　排：武汉正风天下文化发展有限公司
印　　刷：广东虎彩云印刷有限公司
开　　本：880 mm×1 230 mm　1/16
印　　张：13
字　　数：408 千字
版　　次：2023 年 7 月第 1 版第 2 次印刷
定　　价：79.00 元

前言 PREFACE

任康丽在环境设计专业执教近 20 年，近 10 年中参观了美国 30 多所特色住宅及公寓。本书是长期教学与实践经验的总结，任康丽编写了该书的主要内容。编者围绕居住环境设计的主要知识点收集了国内外大量设计理论及实践方面的资料。编者在编写本书的过程中，对居住空间环境设计案例、住宅室内装饰风格、色彩搭配方法、陈设设计等方面的内容进行了汇编、归纳、整理。

本书是一本理论与实践相结合的实用性书籍，全面介绍了居住空间室内外环境设计的规范与法则、不同居住空间的室内装饰风格、居住空间中各种功能空间的设计方法，以及室内光环境设计及绿植配置原则等内容。本书分十章进行了详细的介绍：第一章　居住建筑标准与建筑设计规范；第二章　居住环境中的人体工程学设计；第三章　起居室、餐厅、厨房、卧室、玄关功能分析与设计；第四章　储藏空间、书房、儿童房、老人房设计要点；第五章　居住空间光环境设计；第六章　居住空间色彩设计原理及方法；第七章　居住空间软装设计与搭配技巧；第八章　居住空间装饰材料的选择与运用；第九章　居住空间庭院、阳台与露台设计；第十章　居住空间室内外环境设计学生作品分析。大部分章节后都附有思考题，供学生进行思考与分析。

编者还对专业术语及适宜在各类居住空间中种植的植物进行了汇编，既有利于学生学习专业知识，也方便室内设计爱好者查阅、记忆。书中还收集了一些国内外居住空间设计案例，有利于开阔同学们的视野。本书的特色是结构新颖，案例丰富，并对居住空间设计方面的专业术语进行了汇编。

本书教学 PPT 扫描下面的二维码即可获取，欢迎读者扫描学习。

编　者

2017 年 9 月

CATALOG

1 第一章　居住建筑标准与建筑设计规范 ………………………………… (1)

Chapter One　Residential Construction Standard and Architecture Design Regulations

第一节　居住建筑标准概要 …………………………………………………… (2)

第二节　居住建筑术语与解析 ………………………………………………… (5)

第三节　住宅空间的基本类型及基本设计原则 …………………………… (6)

第四节　住宅空间室内外环境设计的基本要求 …………………………… (14)

第五节　住宅空间建筑设备规范 …………………………………………… (16)

2 第二章　居住环境中的人体工程学设计 ……………………………… (19)

Chapter Two　Human Engineering Design in Residence

第一节　人体尺寸及人体比例关系 ………………………………………… (20)

第二节　室内空间尺寸的确定 ……………………………………………… (26)

第三节　人体尺寸与住宅功能房间的关系 ………………………………… (28)

3 第三章　起居室、餐厅、厨房、卧室、玄关功能分析与设计 …………… (35)

Chapter Three　Function Analysis and Design of Living Room，Dining Room，Kitchen，Bedroom
and Hallway

第一节　起居室功能分析与设计 …………………………………………… (36)

第二节　餐厅、厨房功能分析与设计 ……………………………………… (44)

第三节　卧室功能分析与设计 ……………………………………………… (47)

第四节　玄关功能分析与设计 ……………………………………………… (49)

4 第四章　储藏空间、书房、儿童房、老人房设计要点 ………………… (51)

Chapter Four　Key Points When Designing Storage，Study，Children's Room and Elders' Room

第一节　储藏空间设计的现状及原则 ……………………………………… (52)

第二节　书房的基本功能需求及设计原则 ………………………………… (61)

第三节　儿童房设计要点与原则 …………………………………………… (64)

第四节　老人房设计要点与原则 …………………………………………… (66)

5 **第五章 居住空间光环境设计** ·· (69)

Chapter Five Lighting Design in Residence

　第一节 居住空间的采光方式 ·· (70)

　第二节 居住空间照明设计的原则与方式 ······························ (72)

　第三节 居住空间中的特色光环境设计 ································· (80)

6 **第六章 居住空间色彩设计原理及方法** ·························· (95)

Chapter Six Color Design Principles and Methods in Residence

　第一节 居住空间色彩设计原理 ·· (96)

　第二节 居住空间色彩设计方法 ··· (102)

7 **第七章 居住空间软装设计与搭配技巧** ·························· (113)

Chapter Seven Light-decorated Design and Arrangement Technique in Residence

　第一节 软装织物的特点及选择 ··· (114)

　第二节 软装织物的类型及作用 ··· (119)

8 **第八章 居住空间装饰材料的选择与运用** ····················· (129)

Chapter Eight Choosing Decorative Materials for Residence

　第一节 居住空间界面装饰材料的类型 ································· (130)

　第二节 地面装饰材料的选择与运用 ··································· (130)

　第三节 墙面装饰材料的选择与运用 ··································· (141)

　第四节 吊顶装饰材料的选择与运用 ··································· (150)

9 **第九章 居住空间庭院、阳台与露台设计** ····················· (159)

Chapter Nine Design of Courtyard, Balcony and Gazebo in Residence

　第一节 庭院设计 ·· (160)

　第二节 阳台设计 ·· (166)

　第三节 露台设计 ·· (169)

10 **第十章 居住空间室内外环境设计学生作品分析** ············ (173)

Chapter Ten Analysis of Students' Works on Residential Interior Design and Landscape Design

参考文献 ·· (201)

第一章

居住建筑标准与建筑设计规范.................

R ESIDENTIAL

I NTERIOR

D ESIGN AND

L ANDSCAPE

D ESIGN

第一节

居住建筑标准概要 ◀◀◀◀

　　《住宅建筑规范》（GB 50368—2005）是中华人民共和国建设部颁布的，于2006年3月1日开始实施。该规范在改善城市居民的住房条件、提高住宅设计质量等方面起到了重大作用。

一、住宅的分类　　　　　　　　　　　　　　　　　　　　　　　　　ONE

　　《民用建筑设计通则》（GB 50352—2005）将住宅按层数划分为低层住宅、多层住宅、中高层住宅与高层住宅。

　　低层住宅的层数为1~3层。一般来说，低层住宅周围的绿化率较高，环境较好，一般建在地域较为宽阔的地区或经济较发达的地区。该类建筑多为别墅或花园洋房。（图1-1和图1-2）

图1-1　环境良好的低层住宅　　　　　　　　图1-2　周围绿化率较高的低层住宅

　　多层住宅的层数为4~6层，一般不设置电梯，往往以楼梯作为上、下楼通道。该类住宅的容积率相对较低，周围环境较好。（图1-3）

　　中高层住宅的层数为7~9层，是介于多层住宅与高层住宅之间的一种住宅形式。与多层住宅相比，中高层住宅增加了电梯，在提高居住舒适性的同时也增加了住宅的交通面积，造价也相应提高。中高层住宅的土地利用率比多层住宅的高，并且减小了高层住宅给人的压迫感，能在保证较高容积率的条件下塑造较为宜人的居住环境，属于性价比相对较高的一种住宅形式。中高层住宅由于设置了电梯，更容易适应老龄化社会的居住需求。

　　10层及10层以上的住宅，称为高层住宅。高层住宅是城市化、工业现代化的产物，按外部形态可分为塔式、板式和墙式；按内部空间组合形式可分为单元式和走廊式。高层住宅一般设有电梯作为垂直交通工具。国家明确

规定，12层及12层以上的高层住宅，每个单元至少应设置两部电梯。（图1-4）

图1-3　带有封闭式阳台的多层住宅

图1-4　带有凹阳台的高层住宅

二、住宅建筑相关法规及基本要求　　　　　　　TWO

　　国家对住宅建设非常重视，制定了一系列方针政策和法规，涉及安全、卫生、环境保护、节能、节地、节水、节材等方面。我国是土地和水资源缺乏的国家，因此在设计中需要采用节地型方案，使用节水型器具。

　　我国的住宅建筑相关规范只对住宅单体工程设计做出了规定，但住宅设计与城市规划和居住区规划密不可分，因此，住宅设计应符合城市规划和居住区规划的要求，并与周围环境相协调，以创造方便、舒适、优美的生活环境。

　　当下，住宅建筑量大面广，因此，建筑构配件需要标准化、模数化，应符合《建筑模数协调标准》，适应工业化批量生产，建筑设备与建筑主体也需要模数协调，这样有利于商品化生产。目前，建筑新技术、新产品、新材料层出不穷，国家正在实行住宅产业现代化的政策，以改变以往设备陈旧、工艺落后、粗放式经营的局面，提高住宅质量。住宅设计应积极采用新技术、新材料、新产品，促进住宅产业现代化。

　　住宅的设计使用寿命一般不少于50年，但设计时难以预测未来，而家庭人口结构的变化、生活水平的提高、新技术和新产品的不断涌现，又会对住宅提出各种新的功能要求，这就需要对旧住宅进行改造。如果在设计时能兼顾今后改造的需要，将比新建住宅节省大量资金和材料，并能延长住宅的使用寿命。

　　住宅设计涉及建筑、结构、防火、热工、节能、隔声、采光、照明、给排水、采暖、电气等方面，主要规范如下。

（1）《建筑设计防火规范》（GB 50016—2014）。

（2）《城市居住区规划设计规范》（GB 50180—1993）。

（3）《民用建筑设计通则》（GB 50352—2005）。

（4）《民用建筑隔声设计规范》（GB 50118—2010）。

（5）《民用建筑热工设计规范》（GB 50176—2016）。

（6）《建筑给水排水设计规范》（GB 50015—2003）。

（7）《城镇燃气设计规范》（GB 50028—2006）。

（8）《无障碍设计规范》（GB 50763—2012）。

三、住宅设计原则　　　　　　　　　　　　　　　　　　　THREE

　　住宅是供人使用的，因此，设计时要处处以人为核心，除满足一般的居住使用要求外，还应根据需要满足老年人、残疾人的特殊使用要求。（图1-5）为了解决无障碍环境建设中存在的各种问题，国家颁布了《无障碍设计规范》。

图1-5　美国奥兰多老年人公寓中有很多无障碍设计

1. 可持续发展原则

　　人因为有居住需求而建造住宅，使用一段时间之后，由于生活的发展而产生住宅不适应生活需求的矛盾，于是就要求改造现有住宅或新建住宅。住宅就是按照这个规律呈螺旋式不断向前发展的。

　　为了适应生活发展的需要，居住建筑设计要尽可能做到以下几点：一个住宅单元内的住户可按自己的意愿自由分隔住宅；相邻住宅单元有打通分户墙，统一利用的可能；沿马路的住宅可改变用途；住宅室内空间利用率高，留有扩建的余地。骨架体（即住宅主体，系共用、永久部分，不可拆建）与填充体（即住宅附加体，系私用、易耗部分，住户可根据需要拆建）分离的住宅体系就是为适应这种需求而出现的。设计师在进行住宅设计时，要用可持续发展的眼光看待问题。

2. 以人为本原则

"建筑是人类生活的容器"，如果说勒·柯布西耶的这句名言道出了住宅的真谛，那么，温斯顿·丘吉尔的名言"人造房屋，房屋造人"则道出了住宅的真正价值。住宅的主要功能是提供比室外环境更好的有益于居住者健康的室内环境。同时，住宅也是培养人的品德、振奋人的精神的场所。除此之外，住宅还能安定民心，使人体会到自身的价值、人生的真谛，从而有助于改变社会风气。因此，住宅设计应以人为核心，每一处布局、每一个尺寸，乃至每一根线条，都应当体现对人的关怀。如果一个人拥有一套住宅，他会希望当他度过繁忙的一天踏进家门的时候，他可以感到自己是一个受到尊重的人，所以设计住宅时要切实地从人性化的角度进行思考，做到服务于人，造福于人。

3. 实用性与美观性相结合原则

住宅设计中要积极协调室内外环境，利用不同层次的室外空间配合住宅设计，构建完整的空间序列，实现人工环境与自然环境的协调统一，在保障住宅宜居性、美观性的同时实现人与自然的和谐统一。

住宅设计中要增强设计的实用性与现代性，重视住宅多元化功能的实现。住宅室外空间设计中要坚持环保理念与实用性相结合，设计和创造各种具有特定功能的室外环境。小区住宅环境设计中应合理布局动、静空间及过渡空间，做到分布合理、相得益彰，并对各类建筑小品、绿化带、群体配套组合建筑、单体建筑墙面等进行优化设计，提升住宅品质。

在住宅设计过程中，设计师要根据不同城市、不同地段人们对住宅功能的不同要求和市场潮流的变化及时做出调整，在保障住宅宜居性的同时提升住宅设计的艺术性、文化性。住宅外观与内部设计要遵循美观、实用、经济等原则，在发挥本土优势的同时，融合国外的设计理念，实现住宅设计的创新与突破。

第二节

居住建筑术语与解析 ◀◀◀

(1) 住宅（residential building）：供人居住的建筑。

(2) 套型（dwelling size）：按不同使用面积、居住空间组成的成套住宅的类型。

(3) 居住空间（habitable space）：卧室、起居室等的使用空间。

(4) 使用面积（usable area）：房间实际能使用的面积，不包括墙、柱等结构构造和保温层的面积。

(5) 标准层（typical floor）：平面布置相同的住宅的楼层。

(6) 层高（storey height）：上、下两层楼面之间的垂直距离。

(7) 室内净高（interior net storey height）：地面至上部楼板底面或吊顶底面之间的垂直距离。

(8) 阳台（balcony）：供居住者进行室外活动、晾晒衣物等的空间。

(9) 平台（terrace）：供居住者进行室外活动的上人屋面或住宅底层地面伸出室外的部分。

(10) 过道（passage，hallway）：住宅套内使用的水平交通空间。

(11) 跃层住宅（duplex apartment）：套内空间跨越两个楼层，有内部楼梯联系上、下层的住宅。一般在首层安排起居室、厨房、餐厅、卫生间，最好有一间卧室，在第二层安排卧室、书房、卫生间等。从低层到多层再到高层，从传统的平层到后来的复式再到现在的跃层，人们对住宅的需求不再单单是"一个睡觉的地方"，而是开始追求更高品质的生活。跃层住宅之所以渐渐流行是因为其宽敞、舒适，符合老百姓的居住需求。

（12）自然层数（natural storeys）：按楼板、地板结构分层的楼层数。

（13）中间层（middle-floor）：底层和最高层之间的中间楼层。

（14）单元式高层住宅：由多个住宅单元组合而成，每单元均设有楼梯、电梯的高层住宅。

（15）塔式高层住宅（apartment of tower building）：以公共楼梯、电梯为核心布置多套住房的高层住宅。

（16）走廊（gallery）：住宅套外使用的水平交通空间。

（17）地下室（basement）：房间地面低于室外地平面的高度超过该房间净高的二分之一者。

（18）半地下室（semi-basement）：房间地面低于室外地平面的高度超过该房间净高的三分之一，且不超过二分之一者。

（19）卧室（bedroom）：供人睡眠、休息的空间。

（20）主卧室（master bedroom）：供主人睡眠、休息的空间。

（21）起居室（living room）：供居住者会客、娱乐、团聚等的空间。

（22）厨房（kitchen）：供居住者进行炊事活动的空间。

（23）卫生间（bathroom）：供居住者进行便溺、洗澡、盥洗等活动的空间。

（24）壁橱（closet）：住宅套内与墙壁结合而成的落地储藏空间。

（25）吊柜（wall cupboard）：住宅套内上部的储藏空间。

（26）餐具或食品储藏室（pantry）：厨房附近用于储藏食品及餐具的空间。

（27）缝纫室（sewing room）：供居住者进行缝纫的空间。

（28）台球室（billiards room）：供居住者打台球的空间，一般与健身房相连。

（29）书房（study）：供居住者阅读、收藏的空间。

（30）洗衣房（laundry）：专门用于洗衣服、烘干衣物的空间。

（31）车库（garage）：用于停放车辆的空间，还可用于储藏各类修车工具或其他工具和设备，如除草机等。

（32）更衣间（dressing room）：专门供人们换衣服的房间。

（33）庭院（courtyard）：居住空间中的围合式场地，可供人们休闲、娱乐等。

第三节

住宅空间的基本类型及基本设计原则

一、住宅空间的基本类型 ONE

住宅应按套型设计，每套住宅的分户界线应明确，必须独门独户。每套住宅至少应包含卧室、起居室、厨房

和卫生间等基本空间，要求将这些空间设计于入户门之内，不得共用或合用。（图1-6和图1-7）

| 图1-6 三居室套型平面 | 图1-7 四居室套型平面 |

城市住宅的套型一般分为四类，其最少居住空间数和最小使用面积如表1-1所示。

表 1-1 城市住宅的套型

套　　型	最少居住空间数/个	最小使用面积/m²
一类	2	34
二类	3	45
三类	3	56
四类	4	68

套型设计的基本原则如下。

（1）住宅设计应以人为核心，根据不同的使用对象和家庭人口结构进行分类设计。以上四类套型可满足我国城市普通居民的基本居住要求。

（2）以"最少居住空间数"和"最小使用面积"两个量限定每一类套型的最小规模。

（3）套型设计不因地区气候条件、墙体材料等不同而有差异。

二、卧室、起居室设计的基本原则　　　　　　　　　　TWO

住宅设计应避免穿越卧室进入另一卧室，而且应保证卧室有直接采光和自然通风的条件。卧室的最小面积是根据居住人口、家具尺寸及必要的活动空间确定的。原规范规定双人卧室应不小于9 m²，单人卧室应不小于5 m²，新规范将其分别提高到10 m²和6 m²。（图1-8和图1-9）

据统计，近年来，我国的住宅设计方案中极少出现小于10 m²的双人卧室和小于6 m²的单人卧室。我国住宅的卧室普遍具有供人学习的功能，床、衣柜、写字台是卧室中必要的家具，如果面积过小，则不便于布置家具。

客房是指非主人使用的卧室。客房中可多放置几张单人床，以供尽可能多的客人居住。（图1-10）

起居室是现阶段住宅中必不可少的空间。分析表明，为了便于布置家具和使用，起居室的使用面积应在12 m²

图1-8 双人卧室应大于10 m²　　　　图1-9 单人卧室应大于6 m²

图1-10 双人客房

以上。起居室的主要功能是供居住者团聚、接待客人、看电视等。起居室设计除了应保证一定的使用面积以外，还应减少交通干扰，起居室内门的数量不宜过多，门的位置应集中布置，应有适当的直线墙面布置家具。根据研究结果，只有保证沿3 m以上的直线墙面布置一组沙发，起居室才能形成一个相对稳定的空间。过厅和餐厅可无直接采光，但其面积不应太大，否则，套内无直接采光的空间过大，会影响居住质量。（图1-11）

图1-11 大厨房位于起居室的中央，并且建筑一侧有大面积的自然采光

三、厨房设计的基本原则   **THREE**

根据对全国新建住宅小区的调查统计，厨房的使用面积普遍在4 m²以上。实际调查结果表明，厨房的使用面积小于4 m²时，难以满足基本的操作要求。（图1-12）

厨房应有直接对外的采光通风口，以满足基本操作，以及自然采光和通风的需要。调查结果表明，90%以上的住户仅在炒菜时启动抽油烟机，煮饭时基本靠自然通风，因此，厨房应有通向室外并能开启的窗户，以保证自然通风。厨房布置在套内近入口处，有利于管线的布置及厨房垃圾的清运。

厨房中一般设置有洗涤池、操作台、炉灶及抽油烟机等，设计时若不按操作流程合理布置，实际使用时将会造成极大的不便。

国家标准《城镇燃气设计规范》（GB 50028—2006）规定，居民使用的液化石油气瓶不得放在地下室、半地下室或其他通风不良的场所，液化石油气瓶与燃气灶之间的距离应不小于0.5 m，厨房内的燃气管应选用钢管、铜管、不锈钢管、铝塑复合管等，除此之外，厨房还须设置抽油烟机等机械排气装置。

单排布置的厨房，其操作台的最小宽度为0.50 m，考虑操作者下蹲打开柜门、抽屉所需的空间或另一个人从操作者身后通过的极限距离，要求厨房的最小净宽为1.5 m。对于双排布置的厨房，根据人体活动的尺度要求，两排设备之间的距离应不小于0.9 m。双排布置的厨房，能够满足多人同时操作的要求，从而提高厨房的使用效率。（图1-13至图1-15）

图1-12 宽敞的厨房更便于收纳厨具与操作

图1-13 单排和双排布置的厨房

图1-14 带吧台的厨房

图1-15 多功能厨房

四、卫生间设计的基本原则 　　　　　　　　　　　　　　　　　FOUR

　　住宅的卫生间一般有专用和公用之分。专用卫生间只服务于主卧室，公用卫生间与公共走道相连接，供家庭成员和客人使用。卫生间根据布局可分为独立型、兼用型和折中型三种，根据形式可分为半开放式、开放式和封闭式三种。目前比较流行的是干湿分区的半开放式卫生间。（图1-16至图1-18）

图1-16　3 m² 以上的卫生间室内设计

图1-17　浴缸与淋浴分设的卫生间　　　　　图1-18　卫生间中的按摩浴缸设计

采用不同卫生洁具组合的卫生间的使用面积应符合下列规定。

（1）设便器、洗浴器、洗面器三件卫生洁具的卫生间的使用面积应不小于3 m²。

（2）设便器、洗浴器两件卫生洁具的卫生间的使用面积应不小于2.5 m²。

（3）设便器、洗面器两件卫生洁具的卫生间的使用面积应不小于2 m²。

（4）单设便器的卫生间的使用面积应不小于1.1 m²。

国内卫生间的地面防水层常因施工质量差而发生漏水现象，同时，管道噪声、水管冷凝水下滴等问题也很严重，因此，设计和施工时要做好卫生间的防水处理。除此之外，设计住宅时不宜将卫生间直接布置在下层住户的卧室、起居室和厨房的上层，跃层住宅中允许将卫生间布置在本套内的卧室、起居室、厨房的上层，并均应采取防水、隔声和便于检修的措施。

五、阳台设计的基本原则　　　　　　　　　　　FIVE

阳台是室内与室外之间的过渡空间，在现代城市生活中发挥着越来越重要的作用。阳台也是儿童活动较多的地方，栏杆的垂直杆件间的净距若设计不当，容易造成事故。根据人体工程学原理，栏杆的垂直杆件间的净距应小于0.11 m，这样才能防止儿童钻出。同时，为了防止栏杆上放置的花盆坠落伤人，对放置花盆的栏杆采取防坠落措施。根据有关规定，阳台栏杆应随建筑高度的增加而增高，低层、多层住宅的阳台栏杆的净高应不低于1.10 m，这是根据人体重心和心理因素确定的。

对于寒冷地区的中高层、高层住宅的阳台，提倡采用实体栏板，一是防止冷风从阳台灌入室内，二是防止物品从栏杆缝隙处坠落伤人。我国寒冷地区的中高层、高层住宅多数采用封闭式阳台。

阳台是居住者晾晒衣物的最佳场所，设计时应预留设施以便居住者拉线架杆，否则，居住者自己安装设施时易造成顶板漏水、遮挡下层住户的阳光等问题。

各套住宅之间的阳台分隔板是套与套之间明确的分界线，对居民的领域感起保证作用，对安全防范也有重要作用。阳台的排水处理会直接影响居民生活。调查表明，阳台及雨罩排水组织不当，常常会引发邻里矛盾。阳台是用水较多的地方，阳台地面若不做防水处理，阳台地面裂缝处容易漏水，会对下层住户造成影响，因此，阳台的地面应做防水处理。阳台的雨罩也应做防水处理。（图1-19）

图1-19　功能性阳台设计

六、门窗、楼梯及电梯设计的基本原则 SIX

1.门窗设计的基本原则

窗户，在建筑学上是指在墙上或屋顶上建造的洞口，用于使光线或空气进入室内。（图1-20至图1-23）

图 1-20　高层住宅原有的凸窗及防护栏杆　　　　　　　图 1-21　改造后的凸窗

图 1-22　从凸窗上拆卸下来的栏杆被改造成了衣柜挂衣杆　　　图 1-23　改造后的衣柜挂衣杆侧面

从安全防范和保证住户安全感的角度出发，底层住宅的外窗和阳台门应采取一定的防卫措施。紧邻走廊或紧邻公用上人屋面的窗户和门同样是安全防范的重点部位，也应采取防卫措施。

生活中的私密性要求已成为住宅的重要使用要求之一，住宅面临走廊的窗户常因设计不当，引起住户的强烈不满。设计窗户时，可以采用压花玻璃遮挡走廊中人的视线。

面向走廊的窗户，窗扇不应向走廊开启，否则应保证一定的高度或加大走廊的宽度，以免妨碍交通。

住宅各部位门洞的最小尺寸是根据使用要求的最低标准提出的，如表1-2所示。当门的材料过厚或有特殊要求时，应留有余地。

表1-2 住宅各部位门洞的最小尺寸

类 别	洞口宽度/m	洞口高度/m
公用外门	1.20	2.00
入户门	0.90	2.00
起居室门	0.90	2.00
卧室门	0.90	2.00
厨房门	0.80	2.00
卫生间门	0.70	2.00
阳台门（单扇）	0.70	2.00

2. 楼梯和电梯设计的基本原则

1）楼梯设计的基本原则

目前，国内住宅的楼梯间绝大多数是靠外墙布置的，这样有利于天然采光、自然通风和排烟，符合使用及防火要求。高层住宅的楼梯间因为受平面布置的限制，不能直接对外开窗时，须设防烟楼梯间，并采用人工照明和机械通风排烟措施。

楼梯梯段的最小净宽是根据使用要求、模数标准等确定的。《建筑设计防火规范》规定，不超过六层的单元式住宅中，一边设有栏杆的疏散楼梯梯段的最小净宽为1 m，七层以上（含七层）的单元式住宅，以及所有的通廊式、塔式住宅楼梯梯段的最小净宽为1.1 m。该规范还规定，楼梯踏步的宽度应不小于0.26 m，高度应不大于0.175 m，坡度应不大于33.94°。

楼梯平台的宽度是影响家具搬运的主要因素。规范中规定楼梯平台的最小宽度为1.2 m。如果平台上有暖气片、配电箱等凸出物时，平台宽度应从凸出面起算。

2）电梯设计的基本原则

电梯是中高层住宅和高层住宅主要的垂直交通工具。1987年，《住宅建筑设计规范》规定，七层以上（含七层）的住宅应设置电梯。当今社会老龄化问题日益突出，为了进一步提高老年人的生活质量，2012年，《住宅设计规范》规定，七层以上（含七层）的住宅必须设置电梯。

电梯应设候梯厅，以满足候梯人停留和搬运家具的需要。从我国已建成的高层住宅来看，上海的塔式高层住宅一般都设有候梯厅，其深度一般为2 m左右；深圳30层左右的高层住宅一般设有三部电梯，候梯厅的深度一般为1.4 m左右。

七、垃圾收集设施和垃圾分类 　　　　　SEVEN

1. 垃圾收集设施

多年来，住宅中的垃圾管道、垃圾倒灰口、垃圾掏灰口一直是污染居住环境的主要部位。垃圾管道堵塞，垃圾倒灰口、垃圾掏灰口部位尘土飞扬，有机垃圾腐烂，蚊蝇滋生，严重污染了居住环境。近年来，人们的生活水平不断提高，袋装、盒装食品日益丰富，人们对居住环境的要求也越来越高，深圳、广州、上海、北京、天津、湖州等城市提出了"垃圾革命"。《民用建筑设计通则》规定，住宅不宜设置垃圾管道，低层和多层住宅应根据垃圾收集方式配备相应的设施，中高层和高层住宅必须设置封闭的收集垃圾的空间，避免利用电梯搬运垃圾。

2. 垃圾分类

垃圾分类是指按一定的规定或标准对垃圾进行分类储存、分类投放和分类搬运。对垃圾进行分类的目的是提高垃圾的经济价值，力争做到物尽其用。

垃圾在分类储存阶段属于公众的私有物品，垃圾经公众分类投放后成为公众所在小区或社区的区域性准公共资源，垃圾被分类搬运到垃圾集中点或转运站后就成了公共资源。

垃圾可以分为可回收垃圾和不可回收垃圾两种。

可回收垃圾主要包括废纸、塑料、玻璃、金属和布料五大类。通过综合处理和回收利用这些垃圾，可以减少污染，节约资源。例如：每回收1 000千克废纸可造好纸850千克，节省木材300千克；每回收1 000千克塑料饮料瓶可获得700千克二级原料；每回收1 000千克废钢铁可炼好钢900千克，比用矿石炼钢节省成本47%。

不可回收垃圾主要包括厨余垃圾（如剩菜、剩饭、骨头、菜叶、果皮等）、卫生间废纸、尘土等。对不可回收垃圾采取卫生填埋措施可有效减少其对地下水、地表水、土壤及空气的污染。

目前，城市公共空间中的很多地方都设置了分类垃圾桶，如图1-24所示。

图1-24 分类垃圾桶

第四节

住宅空间室内外环境设计的 基本要求

一、日照、天然采光、自然通风 ONE

阳光是人类生存和保障人体健康的基本要素之一。在住宅内，充足的日照是保证居住者，尤其是老人和婴儿身心健康的重要条件，同时也是保证住宅卫生、改善住宅小气候、提高舒适度的重要因素。在具体设计中，应尽量选择好的朝向、好的布局，以创造具有良好日照条件的居住空间。

住宅建筑采光应以采光系数最低值为标准。在设计住宅方案时，应根据表1-3对各种房间的窗地面积比进行估算，以确保住宅内部具有良好的天然采光。

表1-3　住宅建筑采光标准

房间类型	侧面采光	
	采光系数最低值/（%）	最小窗地面积比
卧室、起居室、厨房	1	1/7
楼梯间	0.5	1/12

卧室、起居室应有良好的自然通风条件。在住宅设计中应合理布置上述房间外墙开窗的位置和方向，有效组织室内的自然通风。单朝向住宅应采取适当的措施改善自然通风。严寒地区住宅的窗户密闭性要求高，并且长期关闭，不利于空气流通，因此，卧室、起居室等应设置可开启的气窗用于定期换气。

二、保温、隔热　　　　　　　　　　　　　　　TWO

住宅建筑应采取冬季保温和夏季隔热措施，以保证室内的热环境质量。

住宅建筑围护结构的设计除了要符合《民用建筑热工设计规范》的规定外，还要注重向阳、避风，尽量使主要房间有充足的日照，以利于冬季保温。另外，还要注重合理组织自然通风，以利于夏季隔热、防热。

在严寒和寒冷地区，应注重住宅建筑的节能设计，采取技术措施，提高能源的利用率。严寒和寒冷地区的住宅建筑设计应符合下列规定。

（1）不设置开敞的楼梯间，采暖期平均室外温度在-6.0 ℃以下的地区的楼梯间应设置采暖设施，并且入口处应采取防寒措施。

（2）窗户的面积不宜过大，并且应增强窗户的密闭性。

（3）住宅建筑的平面和立面不宜出现过多的凹凸面，住宅建筑的外表面积与其包围的体积之比应尽量减小。

三、隔声　　　　　　　　　　　　　　　　　THREE

住宅建筑设计应符合《民用建筑隔声设计规范》的有关规定。

当住宅建筑在小区中处于沿街或邻近锅炉房的位置时，应尽量将卧室、起居室布置在远离噪声源的一侧，以减轻噪声源的影响。如果受条件限制，只能将卧室、起居室布置在噪声源一侧，则应采用封闭式阳台、隔声门窗等减轻噪声源的影响。

电梯机房设备产生的噪声、电梯井道内产生的振动和撞击声对住户的干扰很大，在住宅设计中应尽量使卧室、起居室远离这些噪声源，不得将电梯机房设置在居住空间之上。在不能满足隔声要求的情况下，必须采取有效的隔声、减振措施。

第五节

住宅空间建筑设备规范 ◀◀◀

一、给水和排水 ONE

　　生活用水是保障居民生活和提高居住环境质量最基本的条件，因此，住宅内应设置给排水系统。《住宅设计规范》中规定了最低给水水压，以确保居民能正常用水。住宅内的分户水表在额定流量下的压力损失约为10 kPa，一般的燃气热水器要求最低静水压力约为40 kPa，虽然有些热水器生产厂家为了适应少数低水压用户的需要，开发出了水压要求较低的热水器，但住宅的给水水压不能因此而降低。

　　住宅内应设置热水供应设施，以满足居住者洗浴的需要。不同地区的热源状况和经济条件不完全相同，在住宅设计过程中应根据实际情况选用不同的热水供应设施，如集中热水供应系统、燃气热水器、太阳能热水器和电热水器等。当无条件采用集中热水供应系统时，应预留安装其他热水供应设施的空间。

　　住户分别设置水表和采用节水型卫生器具，是节约水资源的重要措施。管道、阀门应采用不易锈蚀的材料，以保证检修时能及时关闭。

　　住宅的污水排水横管应设置在本层套内，同时应采取相应的技术措施，以免检修和疏通时影响下层住户。此外，有些地区在有些季节会出现管道外壁结露滴水的现象，应采取措施防止。

二、采暖 TWO

　　集中采暖是指热源和散热设备分别设置，由热源通过管道向各个房间或各幢建筑物供给热量。以城市集中供热管网、区域供热厂、小区锅炉房、单幢建筑锅炉房为热源的采暖方式，从节能、采暖质量、环保、消防安全和住宅的卫生条件等方面来看，都应是主要的采暖方式。设置采暖系统的普通住宅的室内采暖计算温度不应低于表1-4的规定。

表1-4　室内采暖计算温度

房 间 类 型	温　度/℃
卧室、起居室	18
厨房	15
楼梯间	14

　　为了提高住宅集中采暖的均匀性，应采用合理的系统制式，同时应使各房间温度可调。

　　在实施建筑节能以后，住宅散热器的数量减少。为了争取使用空间，应采用紧凑型散热器。为了改善卫生条件，散热器应便于清扫。散热器的位置设置，既要能保证室内温度均匀分布，又要与室内家具的布置相协调。

煤、柴、燃油和燃气等燃烧时，会产生有害气体，危害居民的身体健康，因此，采用这种方式采暖的住宅应设置排烟设施。除了在外墙上开洞通过管道直接向室外排烟外，还可设置烟囱。

三、燃气　THREE

住宅管道燃气的供气压力不应高于0.2 MPa。住宅内的各类用气设备应使用低压燃气。

目前，燃气热水器主要有四种，即直接排气式燃气热水器、烟道式燃气热水器、强制排气式燃气热水器、平衡式燃气热水器。直接排气式燃气热水器燃烧产生的烟气就地直接排在室内，因此不能设置在卫生间和其他无自然通风的部位。烟道式燃气热水器燃烧产生的烟气虽然可以通过烟道排至室外，但往往因烟道长度、风压等因素的影响不能有效排烟。强制排气式燃气热水器靠机械通过烟道排烟。烟道式燃气热水器和强制排气式燃气热水器燃烧所需的空气取自室内，当房间空间较小或通风条件不良时，很容易造成缺氧，所以这两种燃气热水器也不能设置在卫生间和其他无自然通风的部位。平衡式燃气热水器的进气口和排烟口都在室外，燃烧产生的烟气排至室外，燃烧所需的空气也取自室外，所以这种燃气热水器可以设置在卫生间和其他无自然通风的部位，但应紧靠外墙。

四、通风和空调　FOUR

抽油烟机可通过竖向排气管道或外墙将烟气直接排至室外。当通过外墙直接将烟气排至室外时，应在室外的排气口设置避风、防雨和防止污染墙面的设施。

严寒地区、寒冷地区和夏热冬冷地区的厨房，在冬季关闭外窗和非炊事时间排气机械不运转的情况下，应有排除泄漏的燃气或烟气的自然排气设施。

在夏季炎热的地区，安装空调设备的住宅越来越多，空调设备的形式也越来越多样化。在住宅设计过程中应根据地区特点和可行性空调方案，综合解决好供电容量、空调位置、预埋件、电源插座、冷凝水引流、空调散热、噪声防治等问题。

五、电气　FIVE

每套住宅应设电度表。每套住宅的用电负荷标准及电度表规格，不应低于表1-5的规定。

表 1-5　用电负荷标准及电度表规格

套　　型	用电负荷标准/kW	电度表规格/A
一类	2.5	5（20）
二类	2.5	5（20）
三类	4.0	10（40）
四类	4.0	10（40）

住宅家用电器的种类和数量很多，当电源插座过少时，有些住户会滥拉临时线或滥接插座，这样容易导致短路或异常高温，从而引发火灾。为了保证安全用电并方便居住者，住宅套内的电源插座应根据住宅套内空间和家用电器设置，电源插座的数量不应少于表1-6的规定。

表1-6　电源插座的设置

房 间 类 型	设置数量和内容
卧室、起居室	一个单相三线和一个单相二线的插座两组
卫生间	防溅水型一个单相三线和一个单相二线的插座一组
布置洗衣机、冰箱、排气机械和空调的地方	专用单相三线插座各一个

住宅设计应考虑电话的普及，电话通信系统的线路应预埋到住宅套内。

住宅建筑宜设置安全防范系统。住宅内安装楼宇对讲系统，可增强住宅的安全性，有利于创造良好的居住环境。

 思考题

1. 在住宅建筑设计中应如何设计阳台栏杆？

2. 居住空间中的厨房、卧室的最小面积是多少？

第二章

居住环境中的人体工程学设计

R
D
L

RESIDENTIAL

INTERIOR

DESIGN AND

LANDSCAPE

DESIGN

第一节

人体尺寸及人体比例关系 ‹‹‹‹

一、人体尺寸概述 ONE

　　早在2000多年前，人们就开始对人体尺寸感兴趣，并发现了人体各部分之间的关系。公元前1世纪，罗马建筑师维特鲁威编写了《建筑十书》一书，如图2-1所示。他还从建筑学的角度对人体尺寸进行了较完整的论述，并且发现一个男人挺直身体后，两手侧向平伸的长度恰好就是其高度，双足和双手正好在以肚脐为中心的圆周上。欧洲文艺复兴时期的达·芬奇（见图2-2）根据维特鲁威的描述创作了著名的人体比例图（见图2-3）。

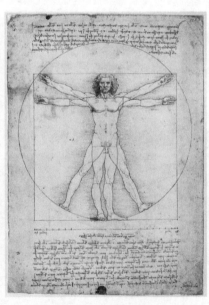

图 2-1　《建筑十书》　　　　　图 2-2　达·芬奇　　　　　图 2-3　人体比例图

　　除维特鲁威外，还有很多哲学家、数学家、艺术家也对人体尺寸进行了研究。在漫长的历史进程中，人类积累了大量关于人体尺寸的数据。他们大多是从美学的角度来研究人体比例关系的。20世纪40年代，工业化社会的发展使人们对人体尺寸测量有了新的认识，第二次世界大战的爆发推动了人体尺寸在军事工业上的应用。

　　中国不同地区人体各部位的平均尺寸如表2-1所示。

表 2-1　中国不同地区人体各部位的平均尺寸　　　　　　　　　　（单位：mm）

编号	项　　目	身高较高地区（河北、山东、辽宁）		身高中等地区（长江三角洲）		身高较矮地区（四川）	
		男	女	男	女	男	女
1	人体高度	1690	1580	1670	1560	1630	1530
2	肩的宽度	420	387	415	397	414	385
3	肩峰至头顶的高度	293	285	291	282	285	269
4	正立时眼的高度	1547	1474	1513	1443	1512	1420
5	正坐时眼的高度	1203	1140	1181	1110	1144	1078
6	胸廓的前后径	200	200	201	203	205	220
7	上臂的长度	308	291	310	293	307	289
8	前臂的长度	238	220	238	220	245	220
9	手的长度	196	184	192	178	190	178
10	肩峰的高度	1397	1295	1379	1278	1345	1261
11	上身的高度	600	561	586	546	565	524
12	臀部的宽度	307	307	309	319	311	320
13	肚脐的高度	992	948	983	925	980	920
14	指尖到地面的高度	633	612	616	590	606	575
15	大腿的长度	415	395	409	379	403	378
16	小腿的长度	397	373	392	369	391	365
17	脚的高度	68	63	68	68	67	65
18	坐高	893	846	877	825	850	793

二、人体尺寸的类型　　　　　　　　　　　　　　　　　　　　　　TWO

　　人体尺寸可分为两类，即人体构造尺寸和人体功能尺寸。

　　人体构造尺寸是指静态的人体尺寸，是人体处于固定的标准状态下测量得到的数据，如图2-4至图2-6所示。它对与人体有直接关系的物体有较大影响，如家具、服装和手动工具等。室内设计中常用的人体构造尺寸有身高、坐高、臀部至膝盖长度、臀部宽度、膝盖高度、大腿厚度、臀部至足尖长度、两肘之间的宽度等。

　　人体功能尺寸是指动态的人体尺寸，是人在进行某种功能活动时肢体所能达到的空间范围。它对解决许多带有空间范围、位置的问题有很大作用。虽然人体构造尺寸对某些设计有很大作用，但对于大多数的设计问题，人体功能尺寸可能有着更广泛的用途，因为人总是在运动着，也就是说，人体结构是一个活动的、可变的结构。

　　人体构造尺寸和人体功能尺寸是不同的。例如，人在驾驶汽车时的构造尺寸是人坐在驾驶座上处于标准状态下测量得到的数据，人在驾驶座上的功能尺寸是人在驾驶过程中肢体所能达到的空间范围。（图2-7和图2-8）。

　　在使用人体功能尺寸时强调的是在完成人体的活动时，人体各个部分是不可分的，不是独立工作，而是协调运动的。例如，手所能达到的空间范围除了与手臂尺寸有关外，还会受到肩的运动、躯体的旋转、背的弯曲等的影响。人在运动时，活动范围会扩大，因此，在设计与人体有直接关系的物体时，只考虑人体构造尺寸是不行的，还要把人体功能尺寸也考虑进去。

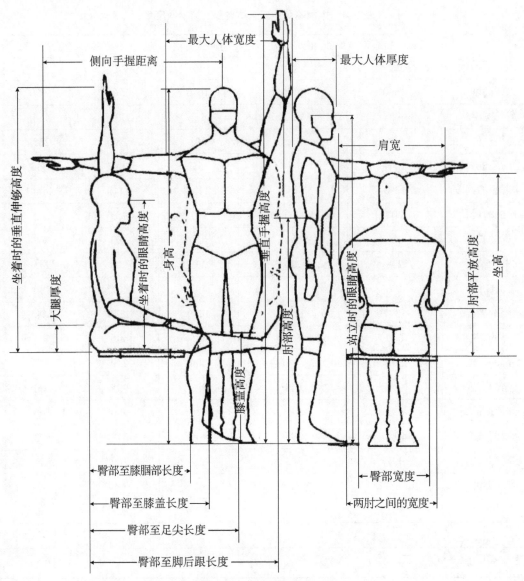

图2-4　人体构造尺寸

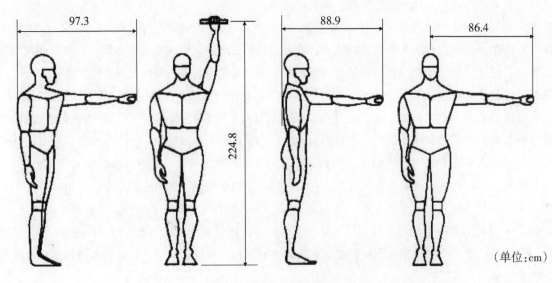

（单位：cm）

图2-5　人体站姿构造尺寸

（单位：cm）

图 2-6　人体坐姿构造尺寸

图 2-7　根据人体构造尺寸来设计

图 2-8　根据人体功能尺寸来设计

三、人体比例关系　　　　　THREE

为了更好地了解人体比例知识，我们通常以头长为计量单位来进行测量，研究比较人体各部分与整体之间、部分与部分之间的空间关系。成人身体各部分与头长的关系如下。

（1）头顶到下巴为1个头长。

（2）下巴到乳头约为1个头长。

（3）乳头到肚脐约为1个头长。

（4）肩宽约为2个头宽。

（5）手臂+手掌约为3个头长。

（6）腿部约为4个头长。

（7）膝盖到足跟约为2个头长。

（8）脚长约为1个头长。

人的身高与头长的关系如图2-9所示。

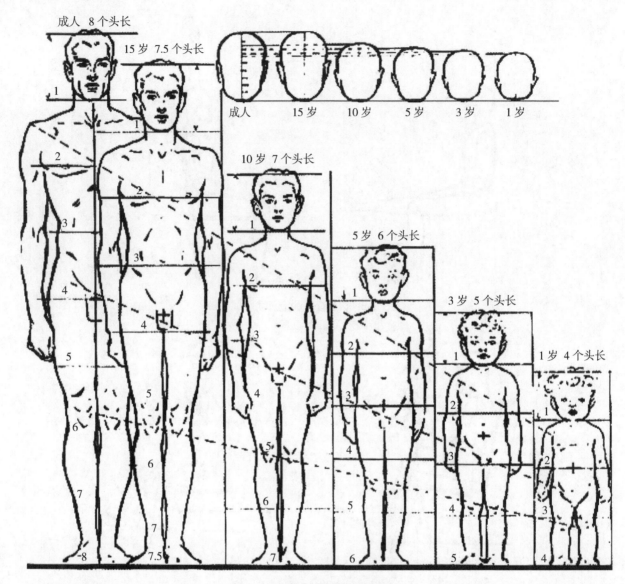

图 2-9 人的身高与头长的关系

1. 不同性别人体的比例差异

女性身体的比例特点如下：头圆而显小；脖子细而显长，颈部平坦；肩膀斜、圆、窄；胸廓较窄，胸部乳房隆起；髋骨较宽；腰部以上和腰部以下大约等长；小腿肚小，轮廓平滑。

男性身体的比例特点如下：头方而显大；脖子粗而显短，喉结突出；肩膀平、方、宽；胸部肌肉发达；髋骨较窄；腰部以上比腰部以下长；大腿肌肉起伏明显，小腿肚大，轮廓分明。

2. 不同体型人体的比例差异

纤瘦型人体的比例特点如下：头方而显小；脖子细而显长；胸廓较窄；髋骨较窄；腰部特征比较明显；从大腿到小腿曲线变化丰富，节奏感强。

肥胖型人体的比例特点如下：头圆而显大；脖子粗而显短；胸廓较宽；髋骨较宽；腰部几乎与胸廓等宽，特征不明显；从大腿到小腿曲线变化较少。

3. 不同姿势人体的比例差异

（1）站立时，人的身高约为8个头长。

（2）正坐时，约为5个头长，其中，从头顶到坐平面约为3个头长。

（3）下蹲时，约为4.3个头长。

4. 不同年龄人体的比例差异

小孩身体的比例特点是头大，四肢短，手足小，上身显长。

老人身体的比例特点是脊柱弯曲，肋骨下斜，慢慢变得弯腰驼背，躯干部分的长度变小，身高比青壮年时期矮。

5. 不同地区人体的身高差异

我国成年人的平均身高，男性为1.67 m，女性为1.56 m。各地区人体的身高差异如下。

（1）河北、山东、辽宁、山西、内蒙古、吉林及青海等地人体的身高较高，成年人的平均身高，男性为1.69 m，女性为1.58 m。

（2）长江三角洲地区人体的身高适中，成年人的平均高度，男性为1.67 m，女性为1.56 m。

（3）四川、云南、贵州及广西等地人体的身高较矮，成年人的平均高度，男性为1.63 m，女性为1.53 m。

6. 无障碍设计

每个国家都有一定比例的残疾人。据统计，2016年，中国有各类残疾人约6000万人，美国有各类残疾人约5300万人。

残疾人的生理特征表现为生理机能下降，许多残疾人需要依靠轮椅代步。残疾人虽然在身体上有缺陷，但是他们也希望像正常人一样独立生活，所以在对残疾人的居住空间进行设计时，需要着重考虑轮椅的通过尺寸和转动尺寸。（图2-10和图2-11）

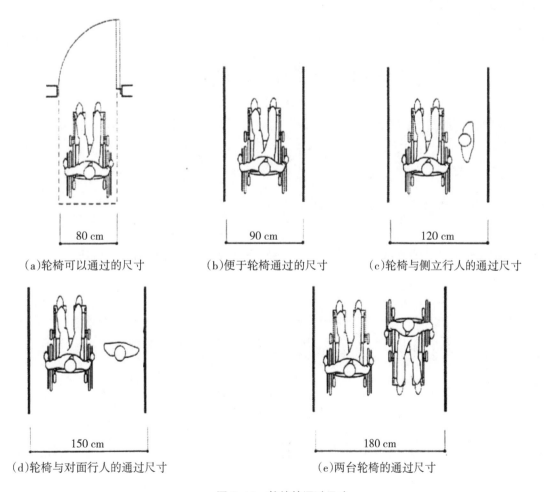

（a）轮椅可以通过的尺寸　　　（b）便于轮椅通过的尺寸　　　（c）轮椅与侧立行人的通过尺寸

（d）轮椅与对面行人的通过尺寸　　　（e）两台轮椅的通过尺寸

图2-10　轮椅的通过尺寸

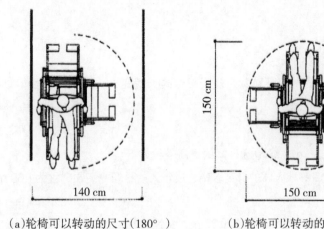

（a）轮椅可以转动的尺寸（180°）　　（b）轮椅可以转动的尺寸（360°）　　（c）便于轮椅转动的尺寸（360°）

图 2-11　轮椅的转动尺寸

　　对于能行走的残疾人，必须考虑他们是使用拐杖还是使用助行器辅助行走。为了做好设计，除了应知道人体尺寸外，还应知道这些工具的尺寸。目前，有一个学科，即无障碍设计，专门研究关于残疾人的设计问题。这个学科在国外已经形成了一个比较完整的体系。

第二节

室内空间尺寸的确定 ◀◀◀

一、根据居住行为所确定的人体活动空间尺寸　　ONE

　　人体活动空间尺寸由人体构造尺寸和人体功能尺寸决定。不同室内空间的人体活动空间尺寸如图2-12所示。

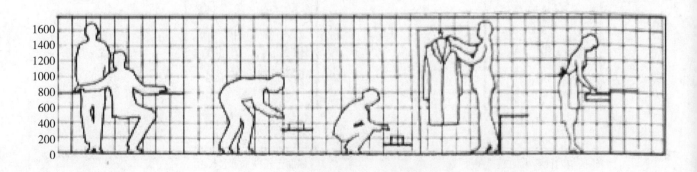

图 2-12　不同室内空间的人体活动空间尺寸

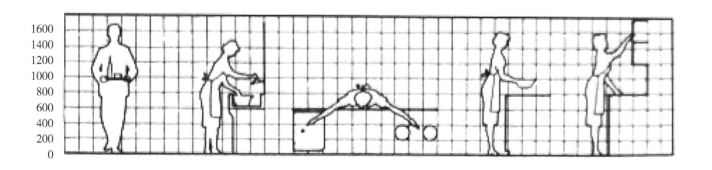

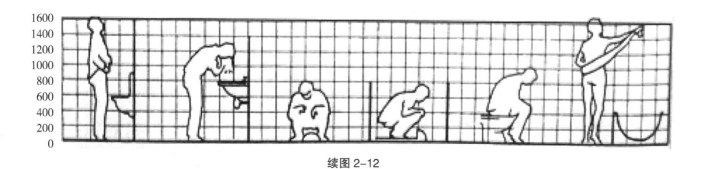

续图 2-12

二、根据居住标准所确定的家具尺寸 TWO

居住标准不同，家具的尺寸也会不同。例如，别墅与经济型住宅这两类居住建筑的标准不同，其客厅沙发与卫生间浴缸的尺寸也有差异。一般居住建筑中常见家具的尺寸如图2-13和表2-2所示。

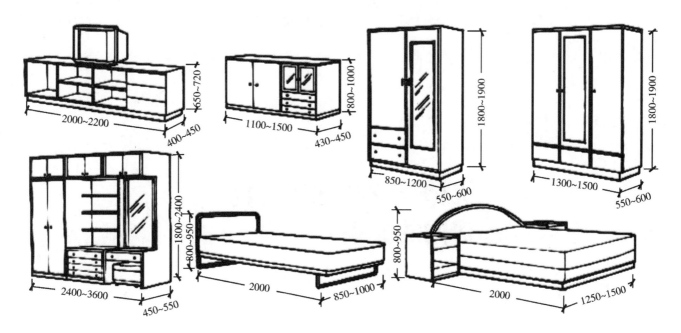

图 2-13 一般居住建筑中常见家具的尺寸

表 2-2　一般居住建筑中常见家具的尺寸

名　称	长/m	宽/m	高/m	备　注
双人床	2.0~2.05	1.35~1.50	0.35	加垫厚0.05 m
单人床	2.0~2.05	0.80~1.10	0.35	
四人餐桌	0.75~0.9	0.75~0.9	0.75	
六人餐桌	不小于1.25	0.75~0.9	0.75	最长1.5 m
写字台	0.8~1.5	0.6~0.8	0.75	
椅子	0.35~0.45	0.4	0.4~0.45	
三人沙发	1.8~2.2	0.6~1.0	0.4	
单人沙发	0.7~0.9	0.6~0.9	0.4	
茶几	0.5~1.2	0.5~0.65	0.35~0.45	
床头柜	0.35~0.5	0.35~0.5	0.4	
书柜	0.6~0.9	0.2~0.5	1.9~2.2	
衣柜	0.6~0.9	0.55~0.6	1.8~2.2	
矮柜	1.2~3.6	0.35~0.6	0.4~0.7	电视柜宜长些

三、根据居住者的心理要求所确定的知觉空间尺寸　　　　THREE

知觉空间尺寸是指人体活动空间和家具以外的空间的尺寸。

人在室内活动的行为空间的高度一般在2.2 m以下，因此，家具的最大高度一般为2.2～2.4 m。如果我们将室内空间的高度设计为2.2 m，人在实际使用过程中不会觉得有什么问题，但会感到压抑、沉闷。即使设计为2.4 m，人也会觉得室内空间太低。考虑到人的知觉因素，相关规范规定，我国住宅的室内空间的高度应不低于2.65 m。

综上所述，人体活动空间尺寸、家具尺寸和知觉空间尺寸共同决定室内空间尺寸，从而决定住宅内各个功能房间的开间及进深。

第三节

人体尺寸与住宅功能
房间的关系

人在住宅中的活动内容决定了住宅的主要功能房间，如卧室、起居室、厨房、卫生间等。每一种功能房间都要配置家具和设备，这些家具和设备的尺寸和布置必须与人的活动内容、活动方式一致。

一、卧室 ONE

卧室的布置应综合考虑卧室形状、开窗位置、活动面积等因素。双人卧室宜在8 m²以上，小卧室不宜设阳台，朝向好的大卧室可设阳台。

卧室平面布置示例如图2-14所示。

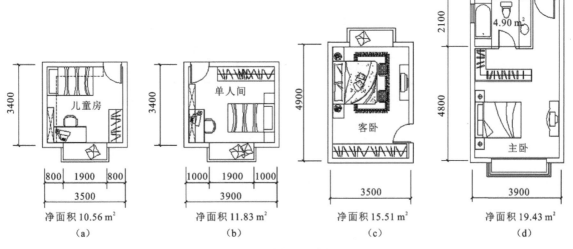

图 2-14 卧室平面布置示例

卧室常用人体尺寸如图2-15所示。

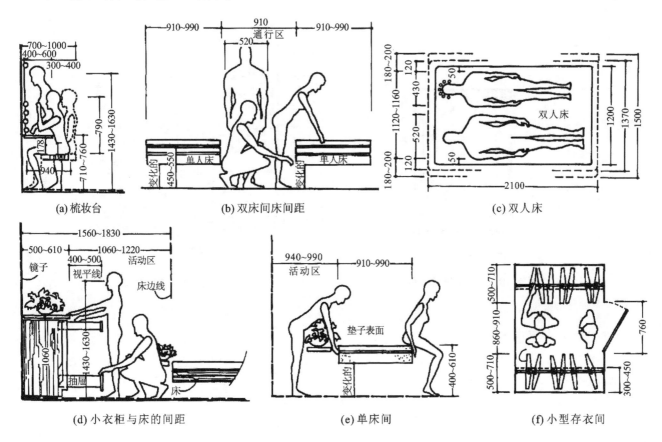

图 2-15 卧室常用人体尺寸

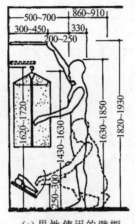 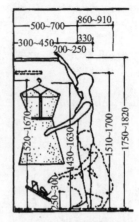

(g) 男性使用的壁橱 　　　　 (h) 女性使用的壁橱

续图 2-15

二、起居室　　　　　　　　　　　　　　　　　　　　　　TWO

起居室的家具和设备应根据起居室的活动内容来选择和布置。起居室基本的家具和设备包括茶几、沙发、电视等。

起居室典型的布置形式如图2-16和图2-17所示。

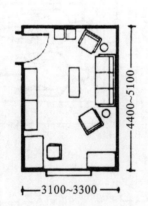 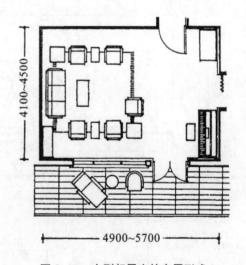

图 2-16　中型起居室的布置形式　　　　　　图 2-17　大型起居室的布置形式

起居室平面布置示例如图2-18所示。

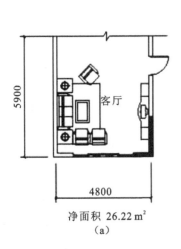

净面积 26.22 m²

（a）

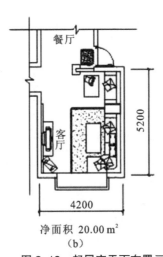

净面积 20.00 m²

（b）

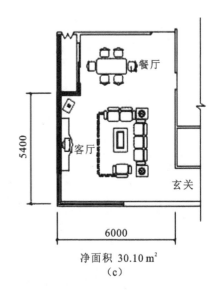

净面积 30.10 m²

（c）

图 2-18　起居室平面布置示例

三、厨房

　　合理的厨房布置可以为提高厨房操作效率、节约时间创造条件。厨房里的活动主要包括储藏、准备、清洗和烹调等，设备主要有炉灶、冰箱和洗涤槽三种。人们在这三种设备之间的活动路线构成了一个三角形，称为工作三角形。工作三角形越小，表明活动路线越短。

　　厨房基本的布置方式有以下三种。

　　（1）U形。一般将洗涤槽布置在U形的底部，将炉灶和冰箱布置在U形的两边，如图2-19（a）所示。

　　（2）L形。一般将炉灶和洗涤槽布置在一个墙面，将冰箱布置在相邻的墙面。采用这种布置方式，留下的其他两个墙面可用于开门窗或布置餐桌，如图2-19（b）所示。

　　（3）走道式，即沿两个平行墙面布置设备，如图2-19（c）所示。

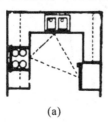

（a）

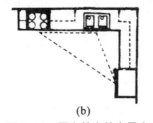

（b）

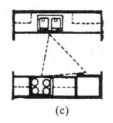

（c）

图 2-19　厨房基本的布置方式

厨房平面布置示例如图2-20所示。

净面积 5.46 m²

（a）

净面积 6.24 m²

（b）

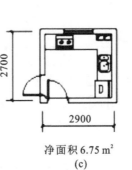

净面积 6.75 m²

（c）

净面积 8.00 m²

（d）

图 2-20　厨房平面布置示例

厨房常用人体尺寸如图2-21所示。

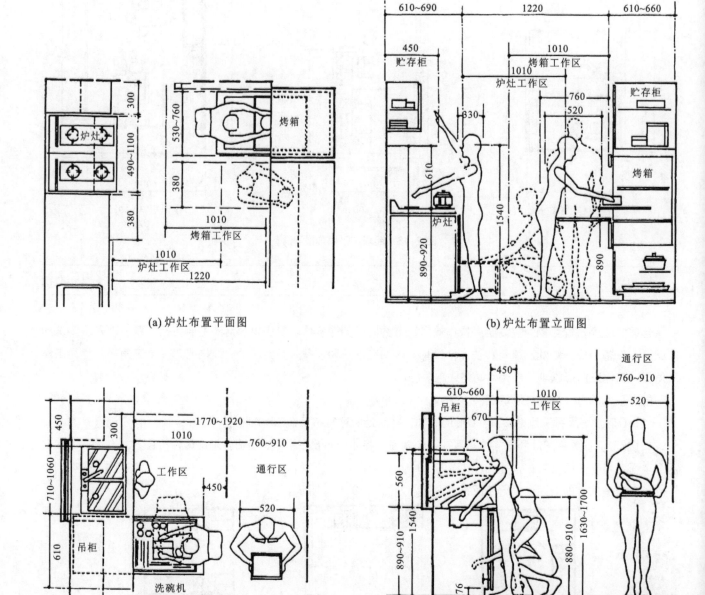

(a) 炉灶布置平面图

(b) 炉灶布置立面图

(c) 洗涤槽布置平面图

(d) 洗涤槽布置立面图

图2-21　厨房常用人体尺寸

四、卫生间　　　　　　　　　　　　　　　　　　　　　　　　　FOUR

　　在设计过程中，一些建筑师主张在卫生间用良好的人工照明和机械通风代替自然采光和自然通风，理由是不直接采光、通风可不占用外墙，平面布置可以非常自由。但一般情况下，人们还是希望尽量采取自然采光和自然通风。

　　随着生活水平的提高，人们对卫生间的要求也逐渐提高，卫生间不仅是一种个人卫生设施，而且是一种供人们休息、享受的私人空间（在浴缸中看书、听音乐、按摩等）。

卫生间平面布置示例如图2-22所示。

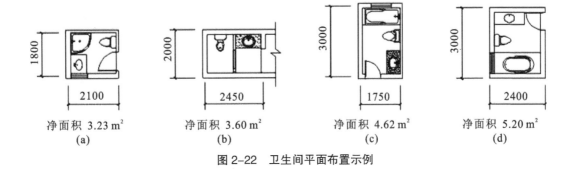

净面积 3.23 m²　　净面积 3.60 m²　　净面积 4.62 m²　　净面积 5.20 m²
　　(a)　　　　　　　　(b)　　　　　　　　(c)　　　　　　　　(d)

图 2-22　卫生间平面布置示例

卫生间常用人体尺寸如图2-23所示。

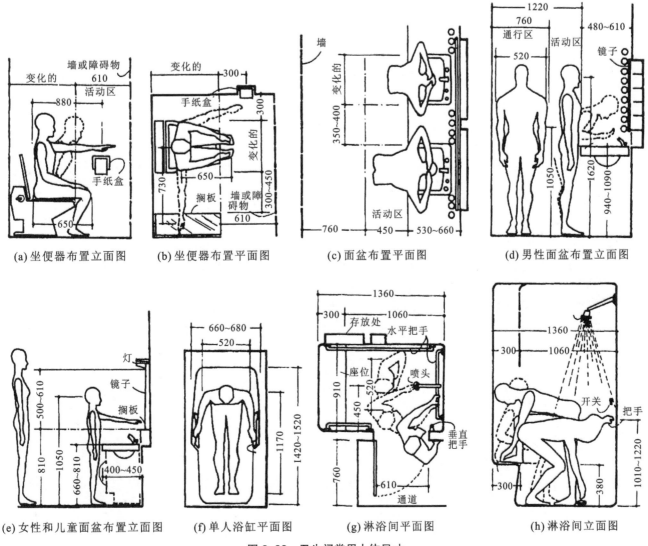

(a) 坐便器布置立面图　　(b) 坐便器布置平面图　　(c) 面盆布置平面图　　(d) 男性面盆布置立面图

(e) 女性和儿童面盆布置立面图　　(f) 单人浴缸平面图　　(g) 淋浴间平面图　　(h) 淋浴间立面图

图 2-23　卫生间常用人体尺寸

第三章
起居室、餐厅、厨房、卧室、玄关
功能分析与设计

R ESIDENTIAL

I NTERIOR

D ESIGN AND

L ANDSCAPE

DESIGN

起居室功能分析与设计 ◀◀◀

一、起居室概述 ONE

起居室是供居住者阅读、会客、娱乐、休闲的重要场所。起居室既是家庭生活的公共核心区域，也是连接卧室、餐厅、厨房、卫生间、阳台等其他生活空间的交通枢纽，它对住宅室内空间的动静分离起到了非常重要的作用。

二、起居室功能分析 TWO

起居室的功能是多种多样的，家庭聚会、会客、视听、娱乐、阅读等一系列家庭活动都可在起居室内展开。不同年龄的家庭成员对起居室家具的需求是不同的，如表3-1所示。

表3-1　不同年龄的家庭成员对起居室家具的需求　　　　　　　　　　　（单位：cm）

家庭成员	聚会家具	视听家具	娱乐家具	阅读家具
老人	老人沙发(80×80×130)、老人座椅(56×60×87)	老人沙发(80×80×130)、老人座椅(56×60×87)	电视机、躺椅、棋牌桌(88×88×75)	高靠背扶手椅(80×80×130)
中年人	沙发(240×65×85)、座椅(83×65×85)	沙发(240×65×85)、座椅(83×65×85)	运动器械、电视机、棋牌桌(88×88×75)	高靠背扶手椅(80×80×130)、转椅(50×50×100)
青少年	沙发(240×65×85)、座椅(83×65×85)	沙发(240×65×85)、座椅(83×65×85)	运动器械、游戏机、钢琴	转椅(50×50×100)
儿童	儿童沙发(100×40×40)	儿童沙发(100×40×40)	电视机、游戏机、钢琴	儿童桌椅

1. 家庭聚会

起居室是家庭成员团聚交流的场所，这也是起居室的核心功能，一般通过一组沙发或座椅巧妙地围合成一个适宜交流的场所。交流的场所一般位于起居室的几何中心处。有些家庭还在起居室中设置壁炉、钢琴等设施，营造温馨的家庭生活氛围。（图3-1）

2. 会客

起居室也是一个家庭对外交流的场所，在设计和布局上既要创造适宜的气氛，也要体现家庭的性质及主人的品位，达到对外展示的效果。在我国的传统住宅中，会客区是方向感较强的矩形空间，视觉中心是中堂画和八仙桌，而现代住宅的会客区在氛围上则显得比较轻松、随意，既可以与家庭聚会空间合二为一，也可以单独设计。

图 3-1　几种不同风格的起居室设计

图 3-2　传统住宅会客区与现代住宅会客区对比

（图3-2）人们通常会围绕会客区布置一些艺术品、花卉等，以调节气氛。（图3-2）

3. 视听

听音乐和观看表演是人们生活中不可缺少的部分。西方传统住宅的起居室中往往布置有钢琴，而我国传统住宅的堂屋中常常设有听曲、看戏的功能空间。现代视听装置的出现对起居室的布局和设计提出了更高的要求，电视机的位置与沙发、座椅的摆放要吻合，以便坐着的人都能看到电视画面。另外，要避免外部景观在电视机屏幕上形成反光，影响观看质量。（图3-3）

图 3-3　起居室的视听功能

最终的室内听觉质量是衡量室内设计成功与否的重要标准之一，因此，在设计过程中，要注重音响设备的选择与布置。

4. 娱乐

起居室中的娱乐活动主要包括棋牌、演奏、游戏等。在设计过程中，应当根据主人爱好的不同和每一种娱乐项目的特点，采取不同的家具和设施布置来满足娱乐要求。（图3-4）

图3-4 钢琴在起居室中的摆放方式

5. 阅读

对于许多人来讲，阅读是一种重要的家庭休闲活动。以一种轻松的心态去浏览报纸、杂志、小说是一件令人愉快的事情。起居室中人们用于阅读的区域不固定，往往随时间和场合变化。一般来说，白天人们喜欢在有阳光的地方阅读，晚上则喜欢在台灯下阅读。阅读区域虽然有其变化的一面，但其对照明和书柜的要求却有一定规律，必须准确把握阅读空间的大小和书柜的尺寸。（图3-5）

图3-5 起居室中的阅读空间设计

三、起居室的布局原则　　　　　　　　　　　　　　　　　　　THREE

1. 活动区域主次分明

起居室通常包含若干个活动区域。在设计过程中，应当注意，在这些活动区域中，必须有一个主要的活动区域，以便与其他活动区域一起形成主次分明的格局。

2. 个性突出

现代住宅中起居室的面积最大，空间开放性最高，功能地位也最突出。起居室的风格基调往往决定了整个住宅的风格设计，同时反映了主人的文化品位和生活情趣。因此，设计起居室时要十分用心，一般通过材料选择及界面设计来确定整体风格，通过工艺品、字画、小饰品等体现个性特色。（图3-6）

图 3-6　现代风格起居室与中式风格起居室对比

3. 交通流线合理

起居室在功能上是家庭生活的中心地带，在交通上则是住宅交通体系的枢纽。起居室常和玄关、过道等相连，如果设计不当，就会造成过多的斜穿流线，从而影响起居室空间的完整性。因此，在进行室内设计时，一定要避免斜穿，同时避免室内交通路线过长。

4. 空间相对隐蔽

起居室的设计既要注重开放性，也要注重私密性。在设计起居室时，应遵循以下原则：设置过渡空间，避免开门见厅；尽量减少面向起居室的卧室门的数量；卫生间不向起居室方向开门。

5. 通风、采光良好

起居室的设计除了要给人以美的感觉外，还要为居住者提供洁净、舒适的居住环境。保证起居室内空气流通是必要前提。除此之外，起居室设计还应保证良好的采光，并且尽可能选择室外景观较好的位置，这样人们不仅可以享受阳光，还可以充分享受大自然的美景，有利于调节和放松身心。

四、起居室空间的划分方法　　　　　　　　　　　　FOUR

起居室空间的划分方法如图3-7所示。

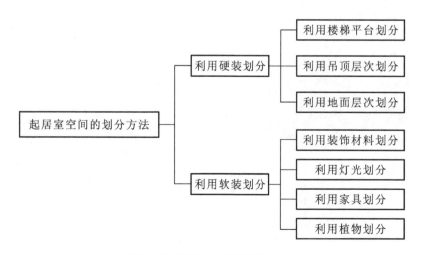

图 3-7　起居室空间的划分方法

1. 利用装饰材料划分起居室空间

不同质感、色彩的装饰材料在相同的空间中所产生的心理暗示作用是不同的。光滑、细腻的材料会让人感到舒适；金属会让人感到坚硬、沉重、寒冷；丝织品会让人感到柔软、温暖；石材会让人感到稳重、坚实、有力度；未加装饰的混凝土表面则容易使人产生草率的印象。因此，在起居室设计中，处理好材料与空间的关系十分重要。一般，会客区宜采用柔软的地毯，餐厅宜采用易清洗的木地板。如果起居室足够大，可以通过改变墙壁的色彩来区分不同的活动区域，但基本色调应统一，以免给人以杂乱感。（图3-8）

图 3-8　柔和型起居室与稳重型起居室对比

2. 利用家具划分起居室空间

利用家具划分起居室空间不仅可以提高空间利用率，而且具有灵活性。在一个完整的起居室空间中，会客区的沙发，用餐区的餐桌、餐椅，门厅的鞋柜、穿衣镜等都是利用自身的功能特性来划分起居室空间的。

3. 利用灯光划分起居室空间

设计师通常会利用灯光来划分功能空间。通过灯具的设置和光影效果的变化，各个功能空间都能呈现出别样的风情。著名室内设计师梁志天以其独特的设计手法闻名世界。他非常擅长运用照明方式来划分空间，并营造出简洁的空间氛围。例如蓝塘道45号，会客区与走廊本来是一体的，是一个开放的大空间，由于反光天棚的作用，照射的光线使两个空间产生了明暗变化，将会客区和走廊一分为二。（图3-9）

图 3-9　蓝塘道 45 号

4. 利用植物划分起居室空间

在住宅绿化装饰中，植物能起到组织空间、调整空间布局、丰富空间层次等作用。在起居室中可以利用植物对空间进行限定和分隔，使原本功能单一的空间更具有灵活性。盆花、小花池等都可以用于划分起居室空间。（图3-10）

图 3-10　利用植物划分起居室空间

五、起居室的空间界面　　　　　　　　　　　　　　　　　FIVE

1. 天花板

住宅建筑室内空间的高度一般为2.7~3 m。起居室天花板的设计力求明快、简约，与起居室的整体风格相适应。室内空间的高度会直接影响人们对室内空间的视觉感受。同样，天花板上也有平面的落差处理，也可以起到划分起居室空间的作用。

2. 地面

起居室地面装饰材料的选择余地较大。地面装饰材料的色彩与图案会直接影响室内空间的视觉效果。在设计过程中，也可以利用地面层次来划分起居室空间。

3. 墙面

起居室的墙面是起居室装饰中的重要部位，对室内风格起着决定性的作用。在起居室墙面的装饰设计中，最重要的是从居住者的兴趣、爱好出发，体现不同居住者的个性。随着建筑技术和手段的进步，墙面的形态也逐渐变得丰富多彩，虚实、色彩、质地等的变化都可以使墙面的形态发生质的变化。

六、起居室的陈设设计　　　　　　　　　　　　　　　　　SIX

装修和陈设之间是辩证统一的关系，装修具有一定的技术性和普遍性，陈设则表现出文化性。可以说，陈设是装修的升华。

起居室主要由休闲区与影音区组成。休闲区设置沙发、茶几等，主要供人休息与交流；影音区设置电视机、电视柜、电视背景墙等，主要供人看电视和娱乐。

1. 起居室陈设风格的设定

起居室的陈设风格反映了整个住宅的装饰效果。设计师应根据居住者的兴趣、爱好设计起居室的陈设，以体现居住者的个性魅力。

欧式风格的起居室不仅看起来豪华、大气，而且让人感到温馨、浪漫。其陈设品以雕塑、金银器皿、油画为主。

在中式风格的起居室的设计中，要注意表达"和"与"雅"的理念，同时要考虑当代人的审美需求。其陈设品以木质家具、瓷器、字画、盆景为主。

古典风格的起居室的陈设设计一方面要注重材质与色彩，另一方面要体现典雅、沉稳的空间氛围。

现代风格的起居室可用金属饰品、抽象画作为主要的陈设品。

不同风格的起居室的陈设设计如图3-11所示。

图 3-11　不同风格的起居室的陈设设计

2. 陈设品的种类与布置

起居室中的陈设品种类很多。室内设备、用具、器物等只要适合空间需要及居住者的兴趣、爱好，均可作为起居室的陈设品。陈设品可以分为使用型和美化型两种。布置使用型陈设品时，应从使用功能出发，同时结合室内人体工程学的原则，确定其基本位置。美化型陈设品的主要作用是充实空间，丰富视觉感受。布置这类陈设品时应从视觉需要出发，结合空间形态来确定其位置。不同种类的陈设品如图3-12所示。

图 3-12　不同种类的陈设品

不同类型的起居室的平面图如图3-13所示。

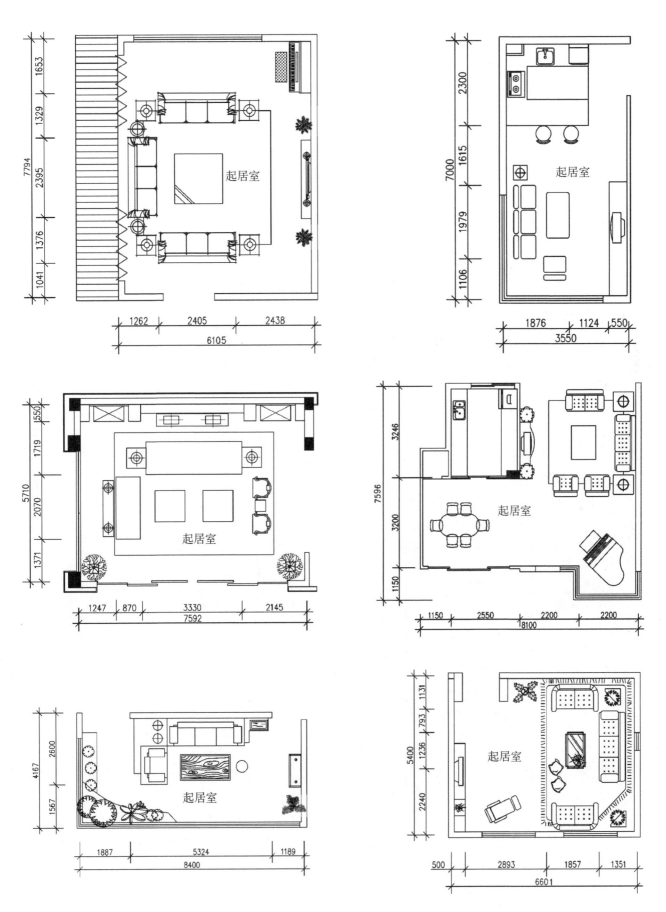

图 3-13　不同类型的起居室的平面图

餐厅、厨房功能分析与设计 ◀◀◀

一、餐厅功能分析与设计 ONE

1. 餐厅功能分析

餐厅是全家人共同进餐的地方。随着生活水平的不断提高，餐厅的功能也逐渐朝着多样化的方向发展，如供亲友团聚、用于举办家庭宴会等。餐厅已经成为家庭生活中除起居室之外的第二个活动中心。

2. 餐厅尺寸分析

餐厅的面积受用餐人数和套型面积的影响。一般情况下，餐椅的高度为450 mm左右，占地面积为450 mm×450 mm左右；四人餐桌的高度为750 mm左右，占地面积为1 100 mm×600 mm左右。餐厅尺寸分析如图3-14所示。

3. 餐厅的布置

餐厅内基本的家具为餐桌、餐椅及餐边柜等。用餐空间的大小与餐厅的布置方式及用餐人数有关。用餐人数变化时，应有相应的应对措施，如拼桌或将餐桌、餐椅转移到其他空间。居住者用餐次数的多少会直接影响用餐

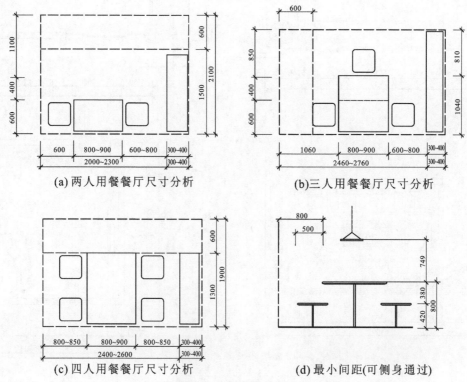

(a) 两人用餐餐厅尺寸分析　　　　(b)三人用餐餐厅尺寸分析

(c) 四人用餐餐厅尺寸分析　　　　(d) 最小间距(可侧身通过)

图3-14　餐厅尺寸分析

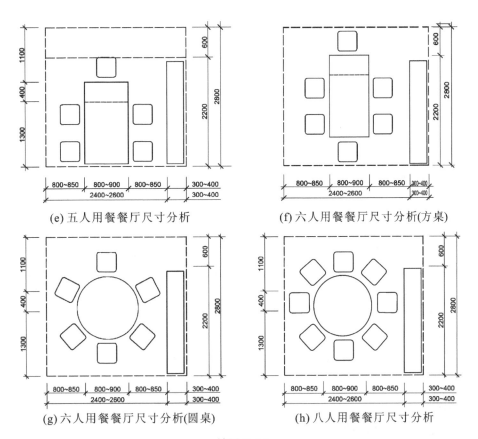

(e) 五人用餐餐厅尺寸分析　　　　　　(f) 六人用餐餐厅尺寸分析(方桌)

(g) 六人用餐餐厅尺寸分析(圆桌)　　　　(h) 八人用餐餐厅尺寸分析

续图 3-14

空间的布局。当用餐次数较多或用餐时间经常不一致时，可以考虑把餐桌和餐椅布置在厨房附近。用餐时间较长的家庭可考虑设置较大的宽敞、舒适的用餐空间。

4. 餐厅设计的要点

从用餐流程来说，餐厅内必须有备餐通道和交通通道。从用餐习惯来说，用餐空间应避免与卫生间的门相对，以免影响人的食欲。若住宅面积较小，可以采用模糊双厅的方法，即把餐厅融入起居室中。这样设计，一方面可以有效地节省空间，并且不会影响起居室基本的使用功能，另一方面可以满足很多人边吃饭边看电视的要求。(图3-15)

图 3-15　餐厅设计

二、厨房功能分析与设计   TWO

1. 厨房功能分析

厨房是家务劳动密集的场所，是居住空间的"心脏"。同时，它也是社会文明程度和生活水平提高的主要标志。厨房的主要功能是供人们开展炊事活动，如清洗、烹饪、备餐、储藏等。现在，厨房的功能正随着现代家庭生活的改变而不断变化，逐渐向着多样化的方向发展。

2. 厨房的布置

厨房的布置应符合厨房操作者的操作顺序与操作习惯。操作者在厨房中主要在三种设备——洗涤槽、炉灶和冰箱之间活动。在布置厨房时，最好能使冰箱、洗涤槽、炉灶三点构成便于操作的"黄金三角形"。（图3-16）

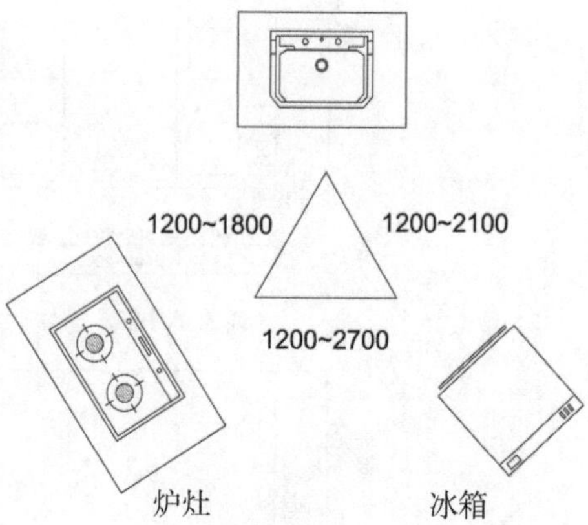

图 3-16 厨房布置的"黄金三角形"

3. 厨房设计的要点

1）厨房的平面布局

在设计过程中，应根据开间、进深、入口位置、是否有阳台等实际情况对厨房平面进行布局。厨房平面的布置形式主要有U形、L形和走道式三种（在第二章中已经介绍过）。

2）厨房设备的摆放

厨房中油烟污染严重，所以常用厨房电器应放置在离炉灶较远的位置，以减少油烟污染。洗涤槽应布置在靠近冰箱且光线充足的位置。炉灶宜面对墙面设置，并注意抽油烟机对橱柜连续性的影响。热水器应尽量靠近用水点。放置冰箱时要考虑高度问题，宜设于墙角。设备之间应留出足够的操作台面，供人们切菜、备餐之用。

3）厨房功能空间的划分和组合

人们可以根据使用要求、家庭结构、生活习惯等对厨房功能空间进行划分和组合。例如，可以根据居住者的饮食习惯将厨房设计为开敞式、半开敞式、封闭式等。在设计过程中，要充分考虑可能会阻碍空间划分的设备（如烟道、窗户等）的影响，在此基础上，根据居住者的要求灵活划分功能空间。

4）注意通风、换气问题

中国人在烹饪时以爆炒、煎炸为主，所以厨房中会产生大量对人体有害的油烟，如果不及时将油烟排出，就会危害人体健康。因此，在设计上一定要注意通风问题。对于那些没有直接通风的厨房，要注意设计通风管道来通风、换气。

5）管线的布置

厨房内的各种管线应集中布置在厨房内某一合理的位置上。上水、下水以及煤气立管应集中布置在洗涤槽的一侧。管线布置应尽量紧凑，以便为家具布置创造条件。平管应尽量隐蔽，可采用埋入墙体的做法。管线穿越吊柜时，应尽量靠边、靠后，以免影响储藏空间。管线安装要合理，要便于维修。

6）储藏空间的设计

厨房内需要大量的储藏空间来储藏米、面、油等生活必需品。在设计时，要注意根据这些物品的尺寸、储藏要求，以及人体尺寸来设计橱柜的尺寸，并且要注意防潮。

7）电气线路及局部照明的设置

随着人们生活水平的提高，厨房电器，如微波炉、电饭锅、消毒柜、洗碗机等日益普及，使厨房用电量猛增，因此，厨房应设置独立的供电回路。此外，除顶部照明外，还应在炉灶、洗涤槽、操作台面等部位设置局部照明。局部照明可以结合厨房电器设置。

8) 为新设备进入厨房做好准备工作

随着科技的进步，厨房电器不断更新换代，因此，在设计过程中，要预留足够的插座供新设备使用，同时要适当预留空间，用于放置新设备。

第三节

卧室功能分析与设计 ◀◀◀

一、卧室功能分析   ONE

人的一生中，大约有三分之一的时间是在卧室的床上度过的。因此，卧室的设计是非常重要的。

1. 睡眠功能

卧室是供人们睡觉的重要场所。卧室布置得是否恰当，会影响居住者的睡眠质量，从而影响生活质量。舒适的床和适宜的空间布置是必备条件。在卧室的设计上，要避免鲜艳、夸张的彩色图案，因为过于强烈的视觉刺激不利于人们休息。同时也要注意隔音、遮光，安静、昏暗的环境更有助于睡眠。

2. 储藏功能

卧室可用于储藏衣物和被褥等。卧室应当配备足够的储藏空间，如在房间角落设置衣柜，在床下设置床柜等。卧室空间足够大时，可以考虑设置一个单独的衣帽间或储藏室。

3. 化妆功能

现在，越来越多的女性喜欢在卧室内更衣、化妆。因此，卧室需要为居住者提供化妆的空间，如在卧室内布置梳妆台等。

4. 读写功能

卧室一般私密性较好，并且比较安静，所以很多人喜欢在卧室内阅读、写字。在儿童房的设计中，尤其要注意为孩子配备读书、写字的功能空间。（图3-17）

图 3-17 卧室的储藏功能、化妆功能和读写功能

二、卧室家具的摆放 TWO

卧室中应该配备的基本家具有床、衣柜、床头柜等，梳妆台、写字台、沙发、电视柜等家具则视居住者的喜好而定。床头应该紧靠侧墙，不宜靠窗。衣柜一般沿与窗户相对的墙摆放，梳妆台和写字台宜靠近窗户摆放，以争取良好的采光。

过去，双人床的尺寸一般为2000 mm×1500 mm。随着居民生活水平的提高，家具日益丰富，出现了2000 mm×1800 mm、2000 mm×2000 mm、2000 mm×2300 mm等各种尺寸的双人床，可满足不同消费者的需求。

三、卧室设计的要点 THREE

（1）卧室应有直接采光和通风，如朝南布置，主卧室应保证每天至少有1小时的日照，以保证室内基本的卫生条件和环境质量。

（2）卧室的开间与进深之比不要大于1∶2，且开间不宜小于2.7 m。在设计卧室门、窗的位置时，要考虑卧室家具的布置。

（3）在设计过程中，应将卧室集中布置在个人生活区内，以保证卧室的私密性。

不同类型的主卧室的平面图如图3-18所示。

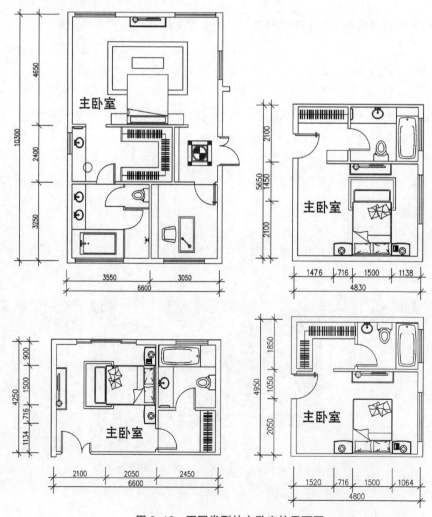

图 3-18 不同类型的主卧室的平面图

第四节

玄关功能分析与设计 ◀◀◀

玄关即居住空间的门厅，是人从室外进入室内所经过的第一个室内空间。玄关是从室外到室内的一个缓冲区域，对提高住宅质量和居住舒适度有重要作用。

一、玄关功能分析   ONE

1. 储藏功能

人在进、出门的时候，为了适应不同的环境，会有换鞋、脱衣服、穿衣服、存放雨伞、提包等动作。因此，需要设置一定的储藏空间来存放所需物品，以免物品外露，使住宅进门处显得过于凌乱。同时，在玄关处合理设置储藏空间，可以有效减少取物品的时间。

2. 装饰功能

在玄关处设置一些装饰品，可以美化居住环境。例如，在玄关与客厅之间设置一个观赏鱼缸，每天回家见到小鱼在鱼缸中游来游去，一天的疲惫就会缓解很多。虽然现在人们的生活水平越来越高，生活也越来越舒适，但有些住宅对玄关的设计却很不重视。有的玄关空间狭小，以至于人们无法换鞋；有的玄关直接与客厅或餐厅相对，严重影响了人们居住的舒适度。在设计住宅时，应避免出现这种情况。

3. 保证住宅的私密性

玄关不仅可以在空间上起到缓冲的作用，还可以在视线上起到一定的阻挡作用，以防开、关门时，门外的人看到室内环境，从而提高居住的舒适度。（图3-19）

图 3-19 玄关

二、玄关设计的要点   TWO

(1) 重视储藏空间的设计，以便于存放衣服、鞋子、帽子、雨伞等，同时要为换鞋、换衣服等提供必要的空间。

(2) 注意把握空间尺寸，要形成缓冲空间，同时要尽量避免门外的人看到室内环境。

(3) 在追求个性化设计的同时，要注意体现居住者的文化品位。

不同类型的玄关的平面图如图3-20所示。

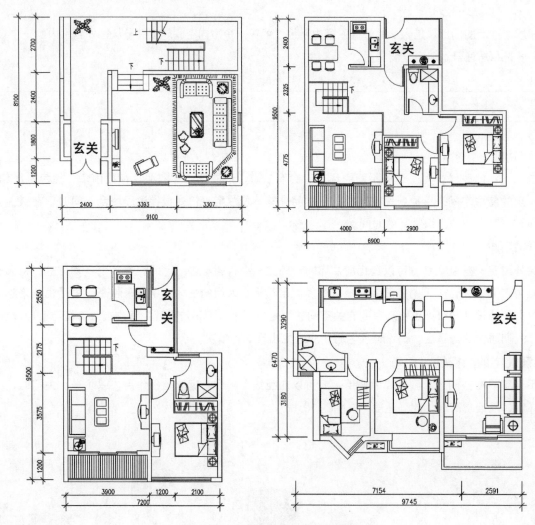

图 3-20　不同类型的玄关的平面图

💬 **思考题**

1. 起居室的陈设风格有哪几种？

2. 厨房的平面布局有哪几种形式？

第四章

储藏空间、书房、儿童房、老人房设计要点 .....

R ESIDENTIAL

I NTERIOR

D ESIGN AND

L ANDSCAPE

L DESIGN

◀ ◀ ◀ ◀

◀ ◀ ◀ ◀

储藏空间设计的
现状及原则

◀◀◀

一、储藏空间设计的现状与意义　　　　　　　　　　　　　　　　　ONE

　　近年来，随着我国城市化进程的加快，有限的土地资源与爆炸式增长的城市人口之间的矛盾日益突出，城市住房价格飞涨，越来越多的购房者倾向于选择满足居住需求的中、小户型。国家也鼓励中、小户型的开发建设，并提出了相关规定：自2006年6月1日起，凡新审批、新开工的商品住房建设，套型建筑面积在90 m²以下的住房（含经济适用房）的面积，必须达到开发建设总面积的70%。

　　套型面积普遍减小，使得室内空间中用于储藏的空间也减小了，有的住宅甚至没有专门的储藏室，有限的储藏空间与日益丰富的家居用品之间的矛盾日益凸显。许多家庭都希望拥有充足的储藏空间，储藏空间设计因此受到极大的关注。（见图4-1和图4-2）

图4-1　119 m² 户型平面图

　　在图4-1所示的住宅中，储藏室位于玄关东侧，紧邻餐厅与客厅，主要解决餐厅与客厅的储藏需求；步入式壁柜与卧室、书房密切联系，可以缓解书房与卧室的储藏压力。对于那些没有专门的储藏室的住宅，则需要在各个功能空间内就地解决储藏需求，例如，可以在玄关、厨房、卫生间、客厅、卧室、书房等处根据各个空间的特性设计出相应的储藏空间。

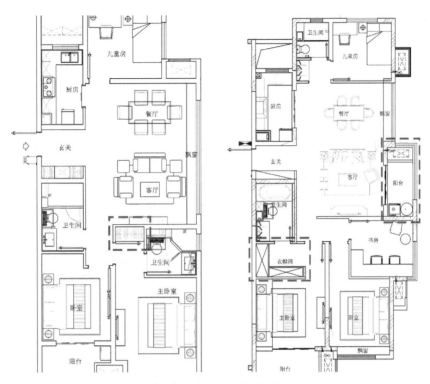

图 4-2 89 m² 户型平面图

　　储藏空间设计是提升家居品质的关键，对居室整体设计有很大的意义。充足、合理的储藏空间是形成便利、整洁、舒适的家居环境，提升生活品质的基础。储藏空间不充足，会导致物品堆积，储藏空间不合理会使人们在寻找物品时花费大量的时间，不仅降低了生活效率，也容易使人产生消极情绪。

　　设计储藏空间时应注意以下两点。

　　(1) 储藏空间的设计要能满足储藏需求，能使家居环境保持整洁，并在一定程度上展示居住者的兴趣和爱好。

　　(2) 储藏空间的设计应当符合居住者的生活方式和行为习惯，便于居住者存取物品。

　　从建筑设计的角度来说，住宅面积越大，储藏空间设计越不容易受到限制。在图4-3所示的住宅中，在玄关、餐厅、厨房、书房、卧室等处都能设计出非常有效的储藏空间。

图 4-3 124 m² 户型平面图

小户型（见图4-4）对储藏空间的需求并不亚于大户型。在小户型的储藏空间的设计中，可以采用以下几种方法提高储藏能力。

（1）设置壁柜。壁柜是小户型较多采用的一种储藏方式，普遍应用于各个功能空间中。

（2）卫生间干湿分离，淋浴与浴缸合二为一，这样既可以节约空间，又能充分满足人们的生活需求。

（3）根据墙面尺寸设计组合衣柜，这样可以充分利用空间。

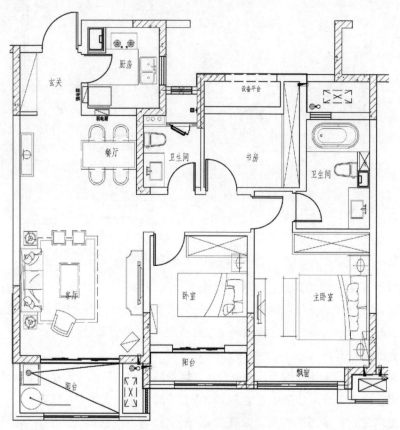

图4-4　97 m² 户型平面图

二、储藏空间设计的原则　　　　　　　　　　　　　　　　　　　　TWO

储藏空间设计是指通过对居住空间的合理布局，改善其本身的结构方式，达到高效利用空间、提高生活效率的目的。

1. 玄关

玄关是室内与室外的过渡性空间。回家时，我们需要脱鞋、存放手中的钥匙、暂时搁置刚买回来的食物（一会儿拿进厨房）；出门时，男性可能会更换领带，女性可能需要更换一些饰品，如项链、耳环等。夏季，我们出门时会带上遮阳伞、帽子或墨镜；冬季，我们出门时会换上长筒靴，穿上羽绒服。这些临时性的事件都可以在玄关中完成。

考虑到人们在玄关处的各种活动，玄关的设计在满足储藏需求的同时，还要为更衣、换鞋、家具搬运等活动预留足够的空间。玄关过道的净宽应不小于1.2 m。玄关处的家具主要有多功能鞋柜、壁柜、凳子、镜子等，其中，多功能鞋柜、壁柜是决定玄关布局的关键。

从布局上看，玄关主要有三种形式：直入式、走道式、门斗式。

（1）直入式。进门后可以直接看到室内全貌（可视为没有玄关）。这种情况下，一般可以利用固定式储藏柜来分隔空间，后期还可以通过添置可移动的家具形成一个玄关区域。（图4-5）

（2）走道式。对于这种形式的玄关，可以沿墙面设置储藏柜，也可以在墙面采取悬挂的方式来储物。（图4-6）

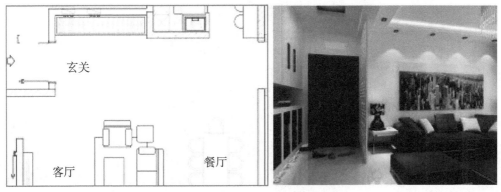

图 4-5　直入式玄关储藏空间布局

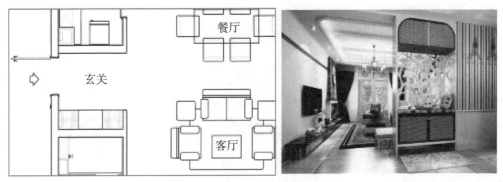

图 4-6　走道式玄关储藏空间布局

（3）门斗式。设计这种布局形式的玄关的储藏空间时，可以兼顾住宅的整体风格，加深人们入室的第一印象。（图4-7）

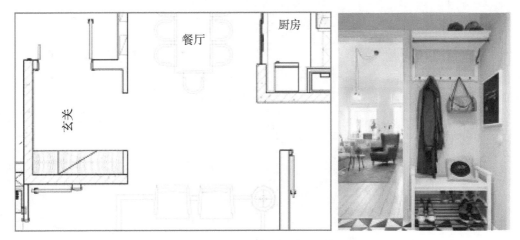

图 4-7　门斗式玄关储藏空间布局

各种玄关如图4-8和图4-9所示。

玄关物品储藏需求如表4-1所示。

图 4-8　不同类型的玄关

图 4-9　不同风格的玄关

表 4-1　玄关物品储藏需求

储藏物品		进深/mm	储藏高度/mm	存取方式
鞋	中、长筒靴，雨鞋	300~400	0~800	搁板平开
	运动鞋、皮鞋	300~400	0~800	搁板平开
	凉鞋、家居鞋	300~400	0~800	搁板平开
衣物	外套	400~600	1200~1800	悬挂
包	大、小提包	200~400	800~1200	搁板平开
雨具	长把雨伞、折叠雨衣	200~300	800~1200	悬挂
运动器材	滑板、球类、球拍	300~400	0~800	搁板平开
小物件	记事本、笔、钥匙	300~400	800~1200	储物盒、抽屉

2. 厨房

厨房是居住空间的核心区域，其空间布局应以取（从冰箱中取出食材）、洗（清洗食材）、切（切割食材）、炒、置（出锅食材的临时放置）五个有秩序的步骤为指导。在厨房中烹饪所涉及的物品种类繁多，从日常生活习惯考虑，餐厅储物与厨房储物应相互结合，相辅相成。

加大厨房面积并不是最好的缓解厨房储物压力的方法。中式厨房中，烹饪所需的面积一般为4~5 m²，其他空间多用于储物。储藏空间过多，也极有可能会打乱厨房的功能流线，延长操作时间，降低烹饪效率。

咖啡机、茶壶、熟食、干果等除了可以储藏在厨房中外，还可以储藏在餐厅和客厅中，这样可以有效缩短向客厅和餐厅输送这些物品的路线。（图4-10）

图 4-10 厨房分类储藏示意图

随着科技的进步，现代化的烹饪设备在减少油烟扩散方面的能力不断提升，在户型条件允许的情况下，可以将厨房设计成开放式或半开放式，这样可以将客厅、餐厅、厨房连为一体，使空间更开放、更通透。开放式厨房在通风方面的要求较高，并不是拥有一个功率大、吸力强劲的抽油烟机就可以了，因为对于中国家庭来说，烹饪时难免会油烟弥漫。与开放式厨房联系紧密的客厅和餐厅也需要选用易清洁的材料，例如，地面最好选用地砖、强化地板等。

老年人一般都怕寂寞，因此，开放式厨房比较适合老年人。在设计过程中，需要注意以下几点。

（1）地面最好选用防滑地砖。

（2）开放式的储物空间更适合健忘的老年人（不用翻箱倒柜，只需探探身就知道需要的东西放在哪里了）。

（3）墙体上多设置用于悬挂铲子、勺子等物品的设施，这样不仅方便寻找，也可以降低老人弯腰的频率。

（4）在厨房中融入一定的休闲设计，如安装一台悬挂式电视机。

3. 卫生间

卫生间里的洗漱用品、清洁用品、纸巾等都需要空间来储藏。其中，洗漱用品在存取方便方面有较高的要求。

悬挂是卫生间中常用的储藏方式。悬挂的毛巾、浴帽、浴球、马桶刷、纸盒等都占据着卫生间的墙面。毛巾架是悬挂式储藏的代表。它作为卫生间中必备的储藏空间，一般设在马桶的正上方，高度一般为1500~1600 mm。选取毛巾架与马桶在卫生间中的位置时，需要遵循的原则是在洗脸和洗澡的时候方便取用毛巾。比较图4-11、图4-12和图4-13所示的取用毛巾动线，可知图4-12的设计更加人性化。

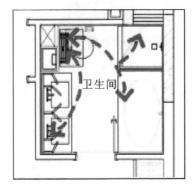 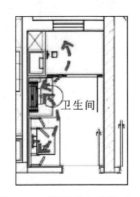 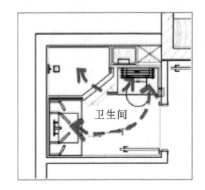

图 4-11 取用毛巾动线（一）　　图 4-12 取用毛巾动线（二）　　图 4-13 取用毛巾动线（三）

将镜柜与储藏空间相结合，充分利用墙壁空间放置洗漱用品，既可以提高空间的利用率，也有利于保持卫生间的整洁。（图4-14和图4-15）镜柜的高度一般为800~1000 mm，厚度一般为200~400 mm。（图4-16）

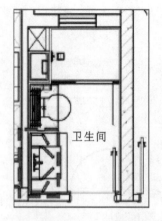

图 4-14 镜柜与储藏空间相结合（一）

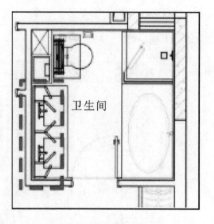

图 4-15 镜柜与储藏空间相结合（二）

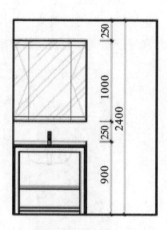

图 4-16 镜柜立面

4. 起居室

起居室是住宅中最主要的活动场所，其最基本的功能是供人们娱乐、聊天、会客。它是展现居住者爱好与个性的场所，不同的居住者会对起居室的设计提出不同的要求。起居室可以分为三种类型。

（1）工作学习型起居室。这种类型的起居室一定要提供能储藏书籍、文件的空间。学习或工作空间应与电视、沙发、茶几构成的娱乐空间有一定距离，以便为居住者提供相对比较安静的学习或工作环境。（图4-17）

（2）休养生息型起居室。居住者以中老年人为主，书法、阅读、写作、收藏是其主要的娱乐活动。在设计此类起居室时，不仅要为他们提供开展此类活动的空间，还要设置一些具有展示功能的储藏空间。（图4-18）

（3）社交活动型起居室。居住者多为年轻人。（图4-19）

图 4-17 工作学习型起居室

图 4-18 休养生息型起居室

图 4-19 社交活动型起居室

设计起居室的储藏空间时，充分利用墙面是一个非常好的选择（见图4-20）。多功能茶几也可以用于储藏物品（见图4-21）。除此之外，还可以利用沙发设置储藏空间（见图4-22）。

起居室物品储藏需求如表4-2所示。

图4-20 起居室墙面的储藏空间

图4-21 多功能茶几

图4-22 沙发与储藏

表4-2 起居室物品储藏需求

储 藏 物 品		进深/mm	储藏高度/mm	存 取 方 式
娱乐设施	影碟机、游戏机	300~400	400~1200	搁板
书报	书籍、报纸、相册	150~400	200~2400	搁板
电器	空调扇、饮水机	300~500	0~1000	搁板平开
	电热水壶、加湿器	200~300	600~1800	搁板平开
装饰品	相框、植物	100~400	0~1800	搁板
小物件	遥控器、纸巾、剪子、小刀、笔、牙签、打火机	100~300	300~600	储物盒
大件杂物	行李箱、折椅、凳子	400~600	0~800	搁板平开

5. 卧室

卧室不仅可以供人们睡觉、休息，还可以供人们阅读、更衣、化妆、工作、学习。因为每个人的生活方式与生活习惯不同，所以卧室也具有不完全相同的附加性功能。

卧室的衣柜最好能够根据墙面尺寸设计，将柜子的高度拉伸至天花板，人们可以将被褥储藏于衣柜的最上方，这样可以高效、合理地利用空间，如图4-23所示。一般情况下，衣柜可具体分为挂放区、叠放区、内衣区、鞋袜区、被褥区等（见图4-24）。在居室整体布局中，可以使主卧室与书房相邻，以便将主卧室内的物品转移到书房中（见图4-25）。

中国大多数住宅中的子女用房都是单人使用的。在设计储藏空间时，要注意考虑其在衣物、书籍、计算机等

图4-23 根据墙面尺寸设计的衣柜

图4-24 分区明确的衣柜

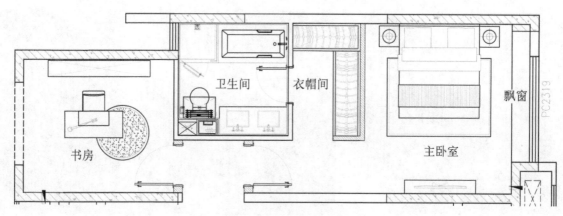

图 4-25　主卧室与书房

方面的储藏要求。图4-26至图4-29所示为几种不同的子女用房的储藏空间设计。

床作为卧室中必不可少的家具，占据了卧室大部分的空间。提高储藏空间利用率可从床入手，如将被褥等储藏于床下，或将临时性储藏的物品放置于床沿（见图4-30）。床头柜也是一种重要的临时性储藏空间，手机、充电器、空调遥控器等都可以放在床头柜上。根据个人生活习惯的不同，水杯、手表、药品、手镯等也需要一定的储藏空间。

图 4-26　女士房间储藏空间设计（外向型）

图 4-27　男士房间储藏空间设计（斯文型）

图 4-28　女士房间储藏空间设计（文雅型）

图 4-29　男士房间储藏空间设计（休闲型）

图 4-30 床的不同储藏方式

卧室是整个住宅中最私密的空间，大众化的储藏空间设计仅能作为卧室空间设计的指导，在具体的设计过程中，还需要根据居住者的生活习惯进行合理的规划，以实现对卧室储藏空间设计的优化。

第二节

书房的基本功能
需求及设计原则 «««

书房是住宅中的办公与学习空间。设计书房时，应充分考虑家居设计的舒适性、办公设计的延伸性，以及居住者的内在修养，注重凸显居住者的品位与个性特点。（图4-31和图4-32）

图 4-31 雅致的书房

图 4-32 静谧的书房

一、书房的基本功能需求 　　　　　　　　　　　　　　　　　ONE

　　随着社会的发展，人们越来越重视书房的设计。书房是集工作、娱乐、学习、研究、阅读等多种功能于一体的共享空间，少数住宅的书房还兼具会客的功能。

　　书房的主要功能是供人们工作、学习，因此书房设计的指导性原则是营造相对安静的环境，让居住者能在书房中安心地工作、学习。除此之外，书房设计作为住宅设计的重要组成部分，对家庭氛围的营造具有重要作用，在设计过程中，应注意实现书房与起居室等住宅核心区域的衔接。书房与起居室应保持既相互独立又适度联系的状态。独立时，书房内的人可以集中精力工作、学习，起居室正常发挥其会客功能；联系时，书房内的人在阅读的同时，能与起居室内的人保持视觉与语言上的交流，从而使家庭氛围更加和谐。

二、书房设计的要点 　　　　　　　　　　　　　　　　　TWO

　　在设计书房时，要注意以下几点。

　　（1）书房的休闲区与工作区应适度隔离，休闲区可位于窗前，使阳光能照射到休闲家具上。（图4-33和图4-34）

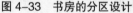
图 4-33　书房的分区设计　　　　　　　　　图 4-34　书房窗前的休闲区

　　（2）放置常用书籍的书柜应位于工作区座椅的后面或右侧，以便于存取。

　　（3）大多数喜欢阅读的人都想要拥有一个既能坐着看书，又能躺着看书、趴着看书的书房，因此，设计书房时可以采用木地板或柔软的地毯。

　　（4）设计书房时，可以选择移动式台灯，这样能为人们改变阅读状态提供便利，为生活增添一些变化与趣味。

　　书房中的主要家具为书桌、书柜、座椅及沙发。根据人体工程学原理，书桌的高度应为750~780 mm，书桌下净高应不小于580 mm。不同身高的人对于书桌高度的要求会略有差异，书桌的最终尺寸应根据居住者的需求来确定。座椅的高度一般为380~450 mm。选择座椅的具体尺寸时还要考虑座椅与书桌的匹配性，即座椅高度应与书桌高度相适宜。书桌的样式最好与写字楼常用办公桌的样式有区别，尽可能营造轻松、愉悦的氛围，以达到缓解工作压力的目的，实现劳逸结合。（表4-3）

表 4-3　书房家具的高度

书桌高度/mm	书桌下净高/mm	书柜高度/mm	座椅高度/mm	沙发高度/mm
750~780	≥580	1800~2100	380~450	380~450

三、书房的色彩、采光与照明　　　　　　　　THREE

1. 书房的色彩

　　书房以静为佳，色彩以冷色调或中性色调为宜。研究表明，冷色调可以使人情绪稳定，气血畅通，注意力高度集中。因此，冷色调对书房来说无疑是最恰当的选择。图4-35所示的冷色调书房，整体风格比较沉稳，且具有浓浓的书香气息。图4-36所示的中性色调书房，平稳之中带着一点俏皮。

图 4-35　冷色调书房

图 4-36　中性色调书房

2. 书房的采光与照明

　　在户型条件允许的情况下，应将采光良好的房间设为书房，如图4-37所示。书与阳光是最完美的组合，可以使人远离喧嚣浮华，保持平和的心态。

　　光线明亮、均匀、柔和是书房照明设计的指导性原则，如图4-38所示。考虑到人们可能会在书房中长时间学习、工作，主灯可选用白炽灯，以降低疲惫感。阅读区最好采用局部照明，这样可以使人集中精力阅读。

图 4-37　采光良好的书房

图 4-38　光线明亮、均匀的书房

四、书房的软装设计　　　　　　　　　　　　　　　FOUR

　　书中自有黄金屋，书中自有颜如玉。读书是一件优雅的事情，必须在书房内营造一种适合阅读的氛围。软装设计自然成了书房设计的重要内容。工艺品、装饰画、绿植等都可作为书房的装饰品，为书房增添艺术气息，彰显居住者的品位与个性。

第三节

儿童房设计要点与原则

　　《儿童权利公约》规定，所有0~18岁的人都称为儿童；《现代汉语词典》则将儿童定义为较幼小的未成年人。儿童年龄阶段的划分方法有很多种，综合各种划分标准，学界对儿童年龄阶段的划分达成了共识，即分为新生儿期（出生到1个月）、乳儿期（1~12个月）、婴儿期（1~3岁）、幼儿期（3~6岁）、儿童期（6~12岁）、少年期（12~14岁）、青年期（14~18岁）七个阶段。本节内容主要针对6~12岁（即小学阶段）的儿童。

　　儿童房的主要功能是为儿童提供休息、游戏和学习的空间。良好的居住环境是儿童健康成长的关键。儿童是不断成长变化的，设计师应该了解儿童的生长阶段与特点，用发展的眼光来设计儿童房。

一、儿童房设计的要点　　　　　　　　　　　　　　ONE

　　6~12岁是儿童形成良好的学习习惯的重要时期，也是发现并培养其兴趣、爱好的关键时期。良好的居住环境对激发儿童的潜能，形成良好的学习与生活习惯，拥有快乐的童年具有积极作用。

　　儿童房设计的要点如下。

　　（1）该年龄段的儿童注意力不容易集中，容易受外界环境的干扰。在设计儿童房的整体色调时，不宜选用纯度过高或明度过大的色彩，否则，不仅会降低儿童对色彩的辨识度，而且会使儿童脾气暴躁，产生不安的情绪。

　　（2）从生理特征来说，该年龄段的儿童生长发育比较迅速，他们的身高和体重会明显增长。因此，在进行儿童房的设计时，要注意保持较高的灵活性，要随着儿童年龄的增长更换相关家具。书桌尺寸不适宜，会导致儿童坐姿不正确，进而导致驼背、脊柱变形等。

　　（3）儿童的生长激素在深度睡眠时分泌得最多。良好的睡眠环境是儿童房空间设计的重点。选择吸音性能、隔音性能较好的壁纸、窗帘等有助于营造舒适的睡眠环境。

　　（4）好动是该年龄段儿童的突出特征，因此，在设计儿童房时要注意以下几点：①家具的边角要圆滑，以免儿童磕碰受伤；②有窗户尤其是有飘窗的儿童房一定要设置窗户安全锁；③设置插座保护盖；④使用无叶风扇。

二、儿童房设计的原则　　　　　　　　　　　　　　TWO

1. 空间布局与材料选择
　　医学研究表明，小学低年级儿童每天至少要保证10小时的睡眠，高年级儿童每天至少要保证9.5小时的睡眠。

因此，在设计儿童房时，床的摆放尤为重要。靠内墙摆放床，一方面可以使儿童房的空间利用率更高，另一方面可以减小噪声、空气流动与光线变化对儿童的影响，从而有助于睡眠。（图4-39）

这个年龄段的孩子一般都比较喜欢高低床（见图4-40）。在选择高低床时，应注意其安全性、环保性与实用性。另外，在设计儿童房的空间尺寸时，要注意为更换大床预留空间（见图4-41）。

图 4-39　床的摆放

图 4-40　高低床

2. 增加储藏空间

在儿童成长的过程中，需要更换大量的物资，不少父母都会想为孩子留下成长阶段的各种回忆，所以儿童房需要较多的储藏空间。合理利用墙面、床下的空间，定制地台或榻榻米等，都可以增加儿童房的储藏空间，提高空间利用率。（图4-42）

图 4-41　为更换大床预留空间

图 4-42　增加储藏空间

3. 照明设计

由于儿童房具有学习、休息、游戏等多种功能，所以照明设计应针对不同的需求来进行。整体照明宜选用吸顶灯，吊灯可能会成为顽皮的孩子游戏的对象。如果儿童房内有壁灯，应让电源线入墙，切不可外装。除台灯外，儿童房内应尽量少设置可移动灯具。适当添加造型丰富的装饰性灯具，可以为房间增添童趣，充满意境的灯光效果也有利于拓展孩子们的想象力，激发他们的学习兴趣。

4. 其他

爱涂鸦可以说是孩子的天性。与其时刻看管着他们，生怕家具、墙面等受"迫害"，不如在儿童房设置一面黑板墙，让他们自由涂鸦，激发其绘画潜能。

儿童房的设计导向与风格定位会对儿童的性格产生一定的影响。儿童房的设计要有利于培养孩子们的兴趣爱好，拓展他们的想象力。另外，在儿童房的设计中，也可以适当参考孩子们的意见，这一点也是非常重要的。

第四节

老人房设计要点与原则 ◀◀◀◀

一、老人房设计的要点 ONE

随着老龄化时代的到来，老人在居住方面的问题更加突出。为了保证老人居住的安全性与舒适性，设计师必须了解老人的各种生理、心理需求。与其他卧室相比，在老人房的设计方面，会有更多的特殊要求。

从宏观的角度来说，设计老人房时应注意以下几点。

（1）老人房最好选择向阳的房间。如果户型条件无法满足，那么要尽量让老人房位于东侧或西侧。若是别墅，老人房应位于一楼。

（2）很多老人都会神经衰弱，为了保证睡眠质量，老人房应尽量远离客厅、厨房等噪声相对较大的空间。

（3）很多老人都会起夜，为老人房设置单独的卫生间或者将家庭公用卫生间设在老人房旁边，能够有效地提高老人夜间上厕所的安全性。

（4）针对老人容易感到孤独、寂寞的心理特征，在老人房的整体设计上要注意营造温暖、和谐的氛围。（图4-43）

（5）大部分老人的思想都比较保守，因此，老人房的整体风格应讲求朴素或复古。（图4-44）

图4-43　温馨的老人房

图4-44　朴素的老人房

从微观的角度来说，设计老人房时应注意以下细节问题。

（1）老人在免疫力下降的同时，记忆力也在衰退，因此，老人房应设置一些台面作为老人常用的药物以及应急性药物的储藏空间，这样可以为老人的日常生活提供便利。

（2）设计老人房时宜选择圆角的家具，少使用或不使用易碎的装饰品，以免造成安全隐患。

二、老人房设计的原则　　　　　　　　　　　　　　TWO

1. 材料选择

根据老人入眠难、睡眠浅的生理特征，在设计老人房时应尽量选择吸音性能、隔音性能较好的装饰材料。细腻的壁纸和地毯更容易使老人感到温馨、舒适（见图4-45）。木地板通常是老人房地面铺装的首选材料（见图4-46）。墙面宜用壁纸或乳胶漆，壁纸的图案不宜过于复杂；采用乳胶漆时，要适度增添墙面装饰，以免过于单调。天花板设计不用太复杂，简洁的石膏线装饰就是一种很好的选择。灯具是居室设计的点睛之笔，老人房灯具的选择要注意考虑整体的风格定位和老人的视觉感受。床头和门口应设双联开关控制室内的灯具，让老人在夜间使用时更方便。

图4-45　细腻的壁纸与地毯　　　　　图4-46　木地板与地毯相结合

老人房的门窗应尽量选择隔音门窗，窗帘应选择遮光性能、隔热性能、保温性能以及隔音性能较好的窗帘。

设计老人房的卫生间时，要注意防滑，并使卧室地面略高于卫生间地面。在卫生间地面与卧室木地板的交界地带放置防滑垫，既能防止木地板受潮，也能有效避免老人摔倒。

2. 照明设计

卧室是供人们休息的场所，对光源的基本要求是柔和。主灯一般设置于老人房的中心位置，以便实现整个房间的照明。沿墙设置通往卫生间的夜灯，既可以满足老人起夜的需求，也可以减少对家人睡眠的干扰。老人房中还应适当设置射灯，供老人阅读时使用。

3. 特殊设计

1）扶手设计

由于老年人的身体机能不断衰退，所以生活中一些简单的动作对于他们来说可能是难以完成的。在设计老人房、卫生间，以及住宅中的其他公共空间时，应注意设置一些必要的扶手。例如，可以在卫生间的坐便器旁设置扶手，帮助老人由坐姿变为站姿，如图4-47和图4-48所示。

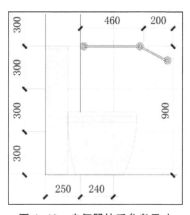

图4-47　卫生间坐便器扶手设计　　　　　图4-48　坐便器扶手参考尺寸

2）轮椅通行

很多老年人都以轮椅作为代步工具，因此，在设计室内空间的尺寸时，应保证轮椅能够通行。通道的宽度应不小于1200 mm，门洞的宽度应不小于1000 mm，以保证轮椅能够通行。卫生间的门宜设置为向外开，以便轮椅在卫生间内能自由活动。同时，室内地面应尽量保持平整，对于一些有高差的地方，可以设置平缓的坡道。（图4-49）

3）细节设计

如果条件允许，可以在老人房中预留出摆放看护小床的空间，为将来方便照顾老人做好准备。

床头柜应具有较强的收纳功能，便于老人存取各种药物和其他小物件。

老人喜欢坐在阳光充足的地方，在条件允许的情况下，可以考虑在老人房旁设置小院或阳台。研究表明，老人种植花草，进行适当的园艺活动有益于身心健康。（图4-50）

老年人对于温度的变化比较敏感，应尽量避免使用空调，可以考虑使用地暖。

设计老人房时需要考虑的问题很多，在实际设计中还要考虑主人的需求与户型条件，尽量使老人房既温馨又舒适。

图4-49　便于轮椅通行的老人房

图4-50　阳光充足的小院与老人房直接相连

思考题

1. 对于家具设计与储藏空间设计相结合，你有什么看法？

2. 我们应该如何根据老人的心理需求确定老人房的设计风格？

第五章

居住空间光环境设计

R ESIDENTIAL
INTERIOR
D ESIGN AND
L ANDSCAPE
DESIGN

第一节

居住空间的采光方式 ◀◀◀

随着人类文明的进步，照明光源从太阳发展为火把，从火把发展为油灯，从油灯发展为蜡烛，直到19世纪末，电光源走进了人们的生活，改变了人类的生活方式。

光源决定了居住空间的视觉环境，并且在一定程度上影响着人类的生活方式与节奏。光源分为两大类，一类是自然光源，如太阳；另一类是人造光源，大部分人造光源属于电光源。最初的电光源是爱迪生于19世纪末发明的电灯，之后，人们的作息时间发生了很大变化，夜里，人们不再无事可做，电灯照亮了房间，使夜晚更加绚丽多彩。

一、自然采光　　　　　　　　　　　　　　　　　　　　　　　　　　　ONE

1. 自然采光的特点

自然采光以太阳为光源，光线明亮而集中，并且不需要成本，但亮度会随天气、时间、季节发生变化。

2. 自然采光的形式

在室内设计中，自然采光主要有顶部采光和侧向采光两种形式。窗户的设置方式不同，室内光线的分布也不一样。在采光设计阶段，要注意考虑窗户的位置、大小、形状等。

1）顶部采光

顶部采光，光线自上而下，可以使室内获得充足、均匀的自然光，光照效果较好。缺点是需要在屋顶或顶棚上设置窗户，施工、清扫、保养不方便，并且不利于通风、隔热及遮挡直射阳光。（图5-1）

图 5-1　顶部采光

2）侧向采光

从单侧墙面采光叫单侧采光，从两侧墙面采光叫两侧采光。

两侧采光能够使室内获得均匀、充足的自然光，但是不利于保温。

单侧采光采用低窗时，靠窗位置很亮，靠里面较暗，照度不均匀；采用高窗时，有助于光线射入房间较深的

部位，提高照度的均匀性。（图5-2）

图 5-2　侧向采光

3. 自然采光的作用

1）生理功能

太阳光中的紫外线有较强的杀菌能力，长期接受太阳光的照射，有利于身体健康。此外，太阳光中的紫外线还可以使人体内产生维生素D，从而预防骨质疏松。

2）心理功能

自然光不仅对人的生理健康有重要意义，对人的心理也有很大影响。向往大自然是人的天性。一个人如果长期生活在没有阳光的室内，就会很容易感到沉闷、压抑。相反，生活在阳光充足的室内，会使人感到温暖、亲切，体会到人与自然的沟通和交流。

3）节能

自20世纪70年代以来，能源和环境问题受到了极大关注，建筑物如何充分利用自然光，引起了人们的高度重视。充分利用自然光，将自然光引进室内，不仅可以节约能源，还有利于提高室内温度。

二、人工照明　　　　　　　　　　　　　　TWO

从情感上来说，明亮使人兴奋、喜悦，黑暗使人恐惧、萎靡不振。因此，在室内环境设计中，可以通过采用不同的采光方式，创造出所需要的空间氛围。

1. 人造光源的种类

1）白炽灯

白炽灯是将灯丝通电加热到白炽状态，利用热辐射发出可见光的一种电光源。白炽灯具有较好的显色性，但是使用寿命较短。

2）卤素灯

卤素灯的原理是在灯泡内注入卤素气体，在高温下，钨丝升华并与卤素气体发生化学反应，冷却后的钨重新沉积在钨丝上，这样钨丝就不会过早断裂。白炽灯使用一段时间后，内表面会变黑，从而影响照明，使用卤素灯时不会发生这种现象。

3）荧光灯

荧光灯的发光原理是通电后汞蒸气辐射出紫外线，使荧光粉发出可见光。荧光灯具有使用寿命长、光效高、显色性好等优点。

4）LED灯

LED是light emitting diode（发光二极管）的缩写。LED灯的基本结构是将一块电致发光的半导体芯片用银胶或白胶固定在支架上，然后用银线或金线连接芯片和电路板，再在四周用环氧树脂密封，以保护内部的芯线，最后安装外壳。LED灯的特点是节能、使用寿命长、易于实现小型化和轻量化。

2. 人工照明的方法

人工照明主要有整体照明和局部照明两种方法。

1）整体照明

整体照明是指在一定的室内空间内，不考虑局部的照明要求，使灯具均匀地分布在被照明区域的上空。其特点是照度均匀，但是不利于烘托房间的气氛。

2）局部照明

局部照明是指在重点区域设置灯具，以满足特殊的照明需求。局部照明既可以增加艺术效果，也有利于节约能源。

3. 灯具的选择和设计

在居住空间设计中，灯具不仅是照明的工具，也是重要的装饰元素。设计师可以选择灯具厂商的产品，也可以根据室内环境设计出有创意的灯具。在选择和设计灯具时应遵循以下原则。

（1）满足功能需求：①配备合适的光源；②可调节性好；③可以很好地控制眩光。

（2）满足审美需求。

（3）满足维护需求。灯具在使用一段时间后很容易损坏，为了便于维护，在设计时要慎重考虑灯具的安装方式和安装位置，以及电线的长度等问题。

第二节

居住空间照明设计的
原则与方式

光是人们生活中不可缺少的一部分，居住空间照明设计就是要让光科学、合理地融合到人们的居住环境中，构建和谐、轻松、安宁、平静的居住空间。

一、居住空间照明设计的目的与要求　　　　　　　　　　　ONE

1. 居住空间照明设计的目的

居住空间照明设计的目的是通过合理设置光线来强化人与建筑空间的交流，创造适宜的居住环境，满足人们的生理需求和心理需求。居住空间照明设计不仅要能满足人们的照明需求，还要能营造富有艺术气息的氛围。

2. 居住空间照明设计的要求

在照明设计中要考虑的内容很多，主要包括照度、亮度、显色性、眩光指数等，这些指标在不同的住宅空间内有不同的要求。国家颁布了有关于照明设计的标准，以指导不同住宅空间的照明设计。住宅建筑照明标准值如表5-1所示。

表 5-1　住宅建筑照明标准值

房间或场所		参考平面及其高度	照度标准值/lx	显色指数标准值
起居室	一般活动	0.75 m水平面	100	80
	书写、阅读	0.75 m水平面	300*	80
卧室	一般活动	0.75 m水平面	75	80
	阅读	0.75 m水平面	150*	80
餐厅		0.75 m水平面	150*	80
厨房	一般活动	0.75 m水平面	100	80
	操作台	台面	150*	80
卫生间		0.75 m水平面	100	80

注：*宜用混合照明。

① 0.75 m水平面是指在水平面之上0.75 m的高度获取平均照度。

② 照度是指单位面积上的光通量。在面积相同的情况下，光通量越大，照度越大。

二、居住空间照明设计的原则　　　　　　　　　　　TWO

1. 安全性原则

安全防护始终是各项设计的首要原则。在设计的过程中，施工、维护、用户使用等各个环节中的安全问题都要考虑到。照明关系到用电设施，必须采取严格的防爆炸、防触电、防短路等安全措施，并严格按照规范进行施工，以避免意外事故的发生。

2. 合理性原则

好的光环境并不一定是以量取胜，关键是科学、合理。照明设计是为了满足人们的使用需求和审美需求，使室内空间最大限度地体现实用价值和欣赏价值，并达到使用功能和审美功能的统一。除此之外，照明设计还要考虑使用空间的温度、湿度等物理条件，保障照明设施使用的安全性和耐久性。华而不实的灯具不但不能锦上添花，反而会造成电力消耗和经济上的损失，甚至还会造成光环境污染，影响使用者的身心健康。

3. 艺术性原则

在合理安排灯具的同时，渲染空间氛围也是照明设计的重要内容。在照明设计中，光源和灯具本身都可以作为艺术装饰的一部分。光源的色彩可以表现不同的情感特征，裸露的灯泡本身也可以作为装饰元素。造型各异的灯具不仅可以起到保护光源的作用，还可以作为室内空间的装饰品。通过对灯光的明暗、隐现、强弱等有节奏的控制，可以渲染不同风格的艺术氛围，为人们的生活增添情趣。

4. 经济性原则

照明设计要注意准确把握使用需求和审美需求之间的平衡，尽量节省成本。能耗、光源的使用寿命及后期维护都是照明设计需要考虑的内容。采用先进的照明技术，充分体现照明设计的实际效果，尽可能减少支出，不仅可以为用户创造舒适的居住环境，也可以为节能降耗做贡献。

三、居住空间照明设计的方式   THREE

1. 亮度模式

毋庸置疑，光的作用是使空间亮起来，使人们能看清周围的世界。宾夕法尼亚大学教授John Flynn的研究表明，特定的亮度模式会对空间使用者对空间的主观印象产生一定的影响。他将亮度模式分为四类，即私密类、视觉清晰类、休闲类以及开阔类。

1）私密类亮度模式

私密类亮度模式是指在照明的区域中保留个人的空间，并使之处于阴影下，以增加个人空间的私密性。在照明设计中，可以通过减少水平照明，增加垂直照明来增加个人空间的私密性。（图5-3）

图 5-3   私密类亮度模式的餐厅和起居室

2）视觉清晰类亮度模式

视觉清晰类亮度模式是指照亮整个建筑空间，并突出工作面和天花板等水平表面。（图5-4）

图 5-4   视觉清晰类亮度模式的客厅

3）休闲类亮度模式

对墙面的不均匀照明有助于营造轻松的气氛。将休闲类亮度模式和视觉清晰类亮度模式相结合，可以营造舒适的办公环境。（图5-5）

4）开阔类亮度模式

从视觉感受上来说，明亮的天花板及墙面可以增加空间的开阔度。均匀的照明也可以让人产生房间变大的感觉。（图5-6）

图 5-5　休闲类亮度模式的餐厅和卧室

图 5-6　开阔类亮度模式的起居室

2. 光分布策略

根据光分布策略的不同，室内照明方式可分为以下四种。

1）普通照明

普通照明是指在一个房间的整个区域内提供均匀、一致的照明。普通照明是最基本、最重要的照明方式。

2）重点照明

重点照明是指在普通照明的基础上，通过在局部区域强化照明形成与环境照度的对比，从而形成明暗不同的照明效果。例如，餐厅中的桌子和博物馆中的展品可以采用重点照明。

3）环境照明

环境照明主要用来提高被照明区域周围的照度。如果被照明区域周围没有照明，就会使被照明区域显得过亮，使人不适应，所以要增加辅助照明。

4）情境照明

情境照明是指在相对较小的区域内提供辅助照明，以渲染空间氛围。情境照明本身不具有功能性，它主要关注使用者的审美需求和心理需求。

3. 灯具的布置方式

布置灯具就是要确定光源在室内的空间位置，包括水平位置和垂直位置。灯具的布置方式会直接影响光照方向、工作面的照度、亮度分布及阴影分布等。除此之外，灯具的布置方式还会影响照明设施的安装成本、能耗及安全性。

1）悬挂式、吸顶式和嵌入式

悬挂式照明的优势在于能够改变照明方式，照明方式主要取决于灯具的样式。上照式灯具可以为天花板提供照明，但如果灯具的材料不透明，那么工作面的照度就会很低。因此，一般建议使用上、下照兼顾的灯具，以便增加空间整体的照度。

吸顶式照明是指将灯具直接安装在天花板上。

嵌入式照明是指将灯具直接嵌入天花板或墙体之中，它的优势在于可以隐藏灯具，保证居住空间设计的整体效果不被破坏。

2）灯槽

许多居住空间都会采用灯槽将光导向天花板或者墙体，为空间提供照明。其优势在于可以隐藏光源，避免眩光。当光照向天花板时，可以增加空间高度的视觉效果；当光照向墙体时，可以增加室内空间的纵深感。

图5-7至图5-11所示为一栋三层别墅的吊顶平面图和照明效果图。

符号明细如表5-2所示。

居住空间常用灯具如表5-3所示。

图 5-7 别墅一层吊顶平面图

图 5-8 起居室照明效果图（采用嵌入式照明）

图 5-9 书房照明效果图(采用悬挂式照明)

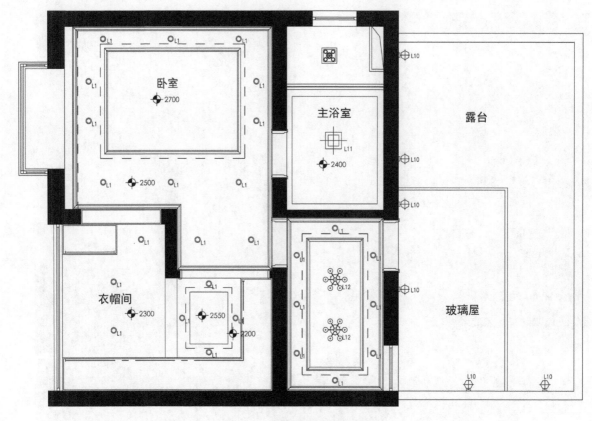

图 5-10　别墅三层吊顶平面图

图 5-11　卧室照明效果图（采用灯槽与嵌入式照明）

表5-2　符号明细

符　号	编　号	含　义
◎	L1	嵌入式筒灯
⊕R	L2	射灯
⊕	L3	单头暗藏式可调节角度射灯
⊞	L4	单头射灯
⊞⊞	L5	双头射灯
——	L6	LED灯条
⊕	L7	防水吸顶灯
⊞	L8	装饰天花板吊灯
⋈	L9	壁灯
⊕	L10	室外防水壁灯
⊞	L11	数字平板灯
✳	L12	天花板吊灯
∿∿∿		窗帘
━ ━		卷帘
↑R		竖立式回风
↑S		竖立式出风
↑E		排气
↓		排气扇
▦		浴霸

表5-3　居住空间常用灯具

名　称	示　意　图	使用范围	特　点
吸顶灯		厨房、阳台、浴室	光线柔和
艺术吊灯		客厅、餐厅、卧室	光线比较耀眼,可以起到装饰作用

续表 5-3

名　称	示　意　图	使用范围	特　　点
普通吊灯		餐厅、卧室	通常属于间接照明或半间接照明,可以避免眩光
射灯		客厅、书房、走廊	通常产生直接向下的光线,光斑明显,适合于集中照明,容易产生眩光
地脚灯		楼梯、浴室	适合于夜间照明,由于位置较低,光线向下分布,可避免眩光,光斑不明显
壁灯		客厅、浴室、卧室	通常属于间接照明或半间接照明,固定在墙上,光斑比较明显
台灯		书房、卧室、客厅	适用于局部照明,光线向下分布

第三节

居住空间中的特色光环境设计 ◀◀◀

一、玄关　　　　　　　　　　　　　　　　　　　　　　　　ONE

1. 射灯与艺术品相结合

在玄关处特别陈列艺术品,并与射灯相结合,可以增强艺术效果。推开大门时,灯光照射在艺术品上,既可以让人得到视觉上的享受,又可以减轻玄关的狭长感。（图5-12）

2. 采用吊灯丰富空间的层次感

吊灯除了可以照明外,还可以丰富空间的层次感。在玄关处安装合适的吊灯,可以让玄关成为家的第一道风景线。（图5-13）

图 5-12 射灯与艺术品相结合的玄关

图 5-13 采用吊灯的玄关

3. 采用层板灯温和地照亮玄关

采用层板灯温和地照亮玄关空间，可以给人带来温暖、舒适的体验。（图5-14）

图 5-14 采用层板灯的玄关

4. 采用嵌灯点缀玄关

在玄关上方安装嵌灯，交错的光影投射到地面上和墙上，可以营造一种简约、时尚的氛围。（图5-15）

5. 综合采用多种照明方式丰富玄关光环境

除了主要照明外，有些设计师还会在玄关处设置壁灯，既可以使墙面装饰更加生动，也可以丰富光环境，为晚归的人提供照明。（图5-16）

图 5-15　采用嵌灯的玄关

图 5-16　采用壁灯的玄关

二、起居室

1. 采用整体照明让起居室显得更加敞亮

以环绕的嵌灯作为起居室主要的照明工具和视觉焦点，搭配大量的射灯，让起居室显得更加敞亮。（图5-17）

图 5-17 采用整体照明的起居室

2. 采用铜管吊灯营造工业风格

铜管吊灯发出幽暗的灯光，与起居室浓烈的工业风格相呼应，体现出主人独特的品位。（图5-18）

图 5-18 采用铜管吊灯的起居室

3. 采用可调节灯具打造灵动的起居室

起居室是会客的场所，有时又可以用于小憩或阅读。一盏可以移动的落地灯可使人们更加灵活地运用起居室空间。（图5-19）

图 5-19 采用可调节灯具的起居室

4. 采用造型灯饰点亮起居室

采用造型灯饰点亮起居室，同时搭配透光的白色窗帘，可以营造温馨、浪漫的空间氛围。（图5-20）

图 5-20　采用造型灯饰的起居室

5. 中式落地灯与沙发、茶几配合使用

将中式落地灯布置在起居室，与沙发、茶几配合使用，既可以提供局部照明，也可以点缀、装饰起居室，对居住空间装饰风格的营造起到重要作用。（图5-21）

图 5-21　采用中式落地灯的起居室

6. 采用复古灯泡体现怀旧情怀

将复古灯泡悬挂在起居室中，既可以装饰起居室，也可以体现主人的怀旧情怀。（图5-22）

图 5-22　采用复古灯泡的起居室

7. 采用彩色吊灯营造浪漫的空间氛围

吊灯不仅可以装饰起居室，还可以增加空间的趣味性。彩色吊灯能发出不同颜色的光，极富浪漫气息。（图5-23）

图 5-23　采用彩色吊灯的起居室

三、餐厅 THREE

1. 自然采光与人工照明相结合

光线及新鲜空气在很大程度上决定着居住者对空间的感受。大面积开窗及中间的天井可以让阳光自然地照射餐厅的各个角落，同时搭配玻璃吊灯和射灯，让居住者在夜间也能感受舒适的光环境。（图5-24）

图 5-24　自然采光与人工照明相结合的餐厅

2. 层板灯与吊灯配合使用

墙面设计与天花板设计息息相关。层板灯与吊灯配合使用，通过墙面及镜面的反射，可以使餐厅显得更加宽敞、明亮。（图5-25）

3. 采用彩色吊灯营造温馨、浪漫的用餐环境

在餐厨区中，用膳区应采用重点照明，因为这样可以让食物看起来更加美味。在餐厅中采用彩色吊灯，既可以起到装饰空间的作用，又可以增加食物色彩的饱和度，提高人的食欲，还可以营造温馨、浪漫的用餐环境。（图5-26）

图 5-25　层板灯与吊灯配合使用的餐厅

图 5-26　采用彩色吊灯的餐厅

4.灯具与竹材料的碰撞

将天花板的原木色彩延伸至灯具，以竹编吊灯作为餐厅的视觉焦点，营造乡村田园氛围。（图5-27）

图 5-27　采用竹编吊灯的餐厅

5. 采用特色灯饰营造自然、舒适的用餐环境

餐厅的氛围会影响用餐者的食欲。在餐厅中采用特色灯饰，既可以起到装饰餐厅的作用，也有利于营造自然、舒适的用餐环境。（图5-28）

图 5-28　采用特色灯饰的餐厅

四、厨房　　　　　　　　　　　　　　　FOUR

1. 采用隐藏式照明使洁白的厨房具有整体性

纯白、简洁的厨房中，不需要过多复杂的灯饰，可以隐藏式的层板灯、嵌灯作为照明工具，以保证厨房空间的整体性。（图5-29）

图 5-29　采用隐藏式照明的厨房

2. 在柜体下方安装嵌灯

为了争取更多的工作空间，可以将照明设备安装在柜体下方，以增加该空间的照度。中岛区域可以使用聚光效果较好的照明设备。（图5-30）

图 5-30　在柜体下方安装嵌灯的厨房

五、楼梯　　　　　　　　　　　　　　　　　　　　　　　　　　FIVE

1. 采用吊灯增加楼梯空间的美感

楼梯处应有良好的照明，以便于行走。图5-31中的楼梯天花板较高，可以采用吊灯丰富整个空间的视觉效果。

图5-31　采用吊灯的楼梯

2. 采用层板灯增强楼梯空间的安全性

扶手下的层板灯通过间接照明的方式照亮楼梯空间，使整个楼梯空间舒适而明亮。同时，它也是动线指示灯，在人们经过楼梯时，可以为人们指引方向。（图5-32）

图5-32　采用层板灯的楼梯

六、走廊　　　　　　　　　　　　　　　　　　　　　　　　　　SIX

1. 自然采光

运用自然采光的方法，让自然光从窗户照射进来，同时搭配不同材质与纹理的装饰材料，可以营造丰富的光影效果。（图5-33）

图 5-33 自然采光的走廊

2. 采用层板灯减轻走廊的狭长感

白色墙壁搭配层板灯，可以让走廊变得明亮、开阔，且富有趣味性。（图5-34）

图 5-34 采用层板灯的走廊

3. 投射艺术与收藏的光之长廊

将收藏品陈列在走廊中，并搭配合适的灯饰，将走廊转化为艺廊。当人们游走在其中时，可以让身心得到充分的放松。（图5-35）

图 5-35　投射艺术与收藏的光之长廊

七、书房 SEVEN

1. 巧用嵌灯和聚光灯，满足不同的需求

巧用嵌灯和聚光灯，将情境照明与功能照明分开，视觉上更加美观，使用时更加方便。（图5-36）

图 5-36　巧用嵌灯和聚光灯的书房

2. 采用特色吊灯为书房添彩

书房是供人们阅读、书写的场所，因此，书桌上方的光线一定要充足。采用特色吊灯，可以增加书房空间的层次感。（图5-37）

图 5-37　采用特色吊灯的书房

3. 采用落地灯，使书房空间更加多元化

在自然采光极佳的书房，不需要太多的辅助照明，只需要配备一盏落地灯，主人阅读时可以根据需要来移动落地灯，使空间更加多元化。（图5-38）

图 5-38 采用落地灯的书房

八、卧室 EIGHT

1. 黑色墙面搭配射灯，体现主人的个性

线条感强烈的黑色墙面搭配利落、简单的射灯，充分体现了主人的个性，以及对简约风格的偏爱。（图5-39）

图 5-39 采用射灯的卧室

2. 采用彩色灯光营造卧室浪漫的氛围

图5-40所示的卧室设有两个独立的入口。设计师利用不同颜色的灯光将卧室空间一分为二，为男、女主人创造了更多的私密空间，使卧室空间变得神秘而又浪漫。

图 5-40　采用彩色灯光的卧室

3. 采用白色花朵吊灯营造宁静、优雅的氛围

灰色系的卧室搭配白色灯具，营造了一种宁静、优雅的氛围。白色花朵吊灯是卧室主要的光线来源，床头两侧的两盏小鸟灯也可以加强床头的照明。（图5-41）

图 5-41　采用白色花朵吊灯的卧室

4. 采用吸顶灯打造新中式风格的卧室

如图5-42所示，采用吸顶灯，不仅可以节省空间，还可以与卧室的装饰相互呼应，打造新中式风格的卧室。

图 5-42　采用吸顶灯的卧室

5. 采用特色吊灯为卧室添彩

艺术品般的特色吊灯作为卧室的主灯，发出白色的光，照亮了整个房间。特色吊灯也是卧室的视觉焦点，丰富了卧室空间的层次感。（图5-43）

图 5-43　采用特色吊灯的卧室

九、卫浴　　　　　　　　　　　　　　　　　　　　　　　NINE

1. 层板灯搭配壁灯

除了利用层板灯呈现空间的质感外，还搭配壁灯，让原木材质的墙面和洗手台散发出独特的魅力。（图5-44）

图 5-44　层板灯搭配壁灯的卫浴

2. 层板灯搭配射灯

卫浴空间整体上应该比较明亮，否则容易让人摔跤。采用层板灯与射灯相结合的照明方式，可以使光线更加柔和。（图5-45）

图 5-45　层板灯搭配射灯的卫浴

3. 情境照明搭配功能照明

在狭小的卫浴空间中，在镜柜上嵌上灯管，形成一个环状的光带，让空间更加惊艳。镜柜上美丽的圆形光晕也为爱美的女性提供了良好的光环境。（图5-46）

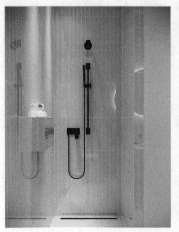  

图 5-46　情境照明搭配功能照明的卫浴

4. 采用两个照明回路

嵌灯搭配层板灯分布于淋浴区及洗手区，具有两个照明回路，可以同时开启，也可以在各区分别开启。镜柜上、下方均设有层板灯，不仅可以延展视觉空间，还可以增加光线的变化。（图5-47）

图 5-47　采用两个照明回路的卫浴

💡思考题

1. 居住空间照明设计的方式有哪些？

2. 在居住空间中如何合理地运用特色灯饰？

第六章

居住空间色彩设计原理及方法

R ESIDENTIAL

D R INTERIOR

L DESIGN AND

ANDSCAPE

DESIGN

　　现代人非常注重居住空间的美观性和舒适性。在紧张的工作、学习之后回到居所，感受到居住空间温馨的氛围，可以令人心情愉悦。人们主要通过视觉、听觉、触觉等获取外界的信息，其中，视觉是人们获取外界信息最主要的渠道。在对居住空间的视觉感受中，对色彩的感受是最直接、最快速的。在居住空间设计中巧妙地运用色彩，可以有效地改善居住环境，使居住空间显得生动、活泼，甚至可以使原本简陋、狭小的居住空间焕然一新，给人带来新的情感体验。符合居住者喜好与品位的配色方案是营造舒适、温馨的居住空间的关键。

第一节

居住空间色彩设计原理 ◀◀◀◀

一、注重人对色彩的感受　　　　　　　　　　　　　　　　　ONE

　　在居住空间设计中必须同时采用形体、质感和色彩等要素，这些要素相辅相成，缺一不可。不同的色彩会使人产生不同的情感，不同的色彩搭配也会使人们对室内空间产生不同的认知，虽然不同的人对色彩的喜好不同，但是在长期的生活实践中，人们还是对色彩形成了一些具有共性的感受和认识。人对色彩的感受主要由色彩的三个基本属性（色相、明度、彩度）决定。在居住空间设计中，应在符合功能要求的前提下，巧妙地运用色彩，以便最大限度地发挥色彩在居住空间设计中的作用。

1. 色彩的冷暖感

　　在长期的生活实践中，人们通过联想对不同的色彩形成了不同的心理感受。根据心理感受，可以把色彩分为暖色、冷色和中性色。在有彩色中，红色、黄色能使人联想到燃烧的火焰和东升的旭日，因此，会让人有温暖的感觉，属于暖色，在设计中可以给人带来亲切、温暖的感受；蓝色、蓝紫色能使人联想到蓝天和阴影处的冰雪，因此，会让人有寒冷的感觉，属于冷色，在设计中可以给人带来冰冷的感受；绿色、紫色给人的感觉是不冷不热，属于中性色。在无彩色中，白色属于冷色，黑色属于暖色，灰色属于中性色。（图6-1）

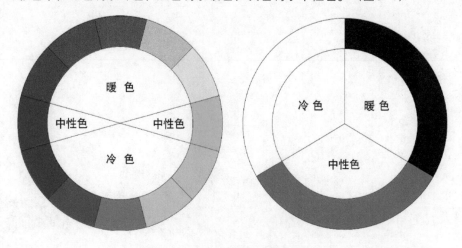

图6-1　有彩色和无彩色的冷暖感

2. 色彩的兴奋感和沉静感

色彩的兴奋感和沉静感与色相、明度、彩度都有关系，其中，彩度的作用最明显。在色相方面，暖色系具有兴奋感，冷色系具有沉静感；在明度方面，明度高的色彩具有兴奋感，明度低的色彩具有沉静感；在彩度方面，彩度高的色彩具有兴奋感，彩度低的色彩具有沉静感。对比强的配色方式具有兴奋感，对比弱的配色方式具有沉静感；色相种类多的配色方式具有兴奋感，色相种类少的配色方式具有沉静感。（图6-2和图6-3）

图 6-2　具有兴奋感的配色方式

图 6-3　具有沉静感的配色方式

3. 色彩的华丽感和朴素感

色彩的华丽感和朴素感与色相的关系最大，彩度和明度次之。暖色系具有华丽感，冷色系具有朴素感；彩度和明度高的色彩具有华丽感，彩度和明度低的色彩具有朴素感；有彩色和金色、银色等光泽色具有华丽感，无彩色具有朴素感。（图6-4和图6-5）

图 6-4　具有华丽感的配色方式

图 6-5　具有朴素感的配色方式

4. 色彩的轻重感

色彩的轻重感是指不同的色彩刺激使人感觉事物轻或重的一种心理感受。色彩的轻重感主要由明度决定，明度高的色彩往往具有轻盈的感觉，明度低的色彩则具有沉重的感觉。彩度也可以决定色彩的轻重感，在明度、色相相同的条件下，彩度高的色彩给人的感觉轻，彩度低的色彩给人的感觉重。在所有的色彩中，白色给人的感觉最轻，黑色给人的感觉最重，色彩按照由轻到重的排列顺序为白色、黄色、橙色、红色、灰色、绿色、蓝色、紫色、黑色。在居住空间设计中可以利用色彩的轻重感来使空间获得均衡的视觉效果。（图6-6和图6-7）

图 6-6　具有轻感的配色方式

图 6-7　具有重感的配色方式

5. 色彩的前进感和后退感

眼睛在同一距离观察不同波长的色彩时，波长长的暖色系（如红色、橙色等）会在视网膜上形成内侧映像，波长短的冷色系（如蓝色、青色等）则在视网膜上形成外侧映像，因此，暖色系具有前进感，冷色系具有后退感。此外，明度高的色彩具有前进感，明度低的色彩具有后退感；彩度高的色彩具有前进感，彩度低的色彩具有后退感。在居住空间设计中可以利用色彩所具有的前进感、后退感丰富空间层次。（图6-8）

图 6-8　色彩的前进感和后退感

6. 色彩的柔软感和坚硬感

色彩的柔软感和坚硬感与色彩的明度和彩度有关，与色彩的色相几乎无关。从明度上来说，明度高的色彩给人以柔软、亲切的感觉，明度低的色彩则给人以坚硬、冷漠的感觉；从彩度上来说，彩度低的色彩具有柔软感，彩度高的色彩具有坚硬感。黑色具有坚硬感，灰色具有柔软感。对比强的配色方式具有坚硬感，对比弱的配色方式具有柔软感。（图6-9和图6-10）

 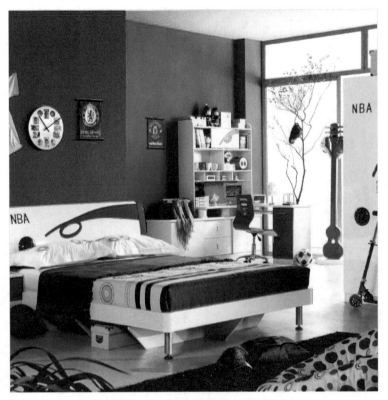

图 6-9　具有柔软感的配色方式　　　　　　　　　　　图 6-10　具有坚硬感的配色方式

二、注重居住者的特质　　　　　　　　　　　　　　　　　　　　TWO

居住空间对人来说具有重要的意义，它是人们日常生活中一个最基本的要素。许多人在处理好工作、安排好生活之后，都会将许多精力放在居住环境的改善方面，以提高整体的生活质量。

随着人类文明的进步和社会经济的高速发展，人们越来越注重文化、审美、道德等精神层面的东西。人们的生活水平越来越高，对居住空间的要求也相应提高，除物质上的要求外，还有精神上的要求。不同的人具有不同的性格，每种性格都具有这种性格的专属特质，这些特质决定了人的行为模式，支配着人的想法。每个人的生活环境、教育背景、生活阅历都不同，所以人们的审美观念和文化品位也有差异，有的人喜欢清新、自然，有的人喜欢庄重、典雅，有的人喜欢雍容、华贵。

居所在居住者的心中应该是一个心灵回归的象征，因此，居所应该是一个令人感到自在、愉悦的地方。人们主要通过视觉、嗅觉、味觉、听觉等获取外界的信息，其中，视觉是人们获取外界信息最主要的渠道。在对居住空间的视觉感受中，对色彩的感受是最快速、最直接的。在居住空间设计中合理、巧妙地运用色彩，可以有效地改善居住环境，使人处于温馨、舒适的生活环境中，给人带来新的情感体验。在居住空间设计中，一定要将色彩设计建立在主观感受与科学检测相结合的基础上，为每个人打造符合其需求的居住空间。

当人们进入居住空间后，最先感受到的肯定是色彩。色彩对于居住空间氛围的营造具有重要作用。在居住空间设计中，准确把握不同人的特质，充分满足每一个居住者的视觉需求，秉承设计为人、设计服务于生活的基本思想，为整个居住空间选择适宜的色彩，不但可以体现居住者的个性，还能提升居住者的舒适感。总而言之，在居住空间设计中，设计师应以居住者的特质为依据，在遵循色彩规律的基础上，根据居住者的经历、年龄、爱好、经济能力等因素来进行色彩设计，从而打造出符合居住者需求的居住空间。（图6-11和图6-12）

图 6-11　稳重的配色方式　　　　　　　　　　　　图 6-12　活泼的配色方式

三、注重居住空间的特点　　　　　　　　　　　　　　　　　THREE

1. 充分考虑居住空间的功能要求

在同一个居住环境中，室内空间的使用功能不同，其色彩的设计应有所不同。色彩对人的生理与心理有很大影响，会直接影响人们的生活质量。在进行居住空间色彩设计时，应充分考虑色彩对居住空间使用功能的影响。具体来说，在居住空间色彩设计中，首先要认真分析空间的性质和用途，并且要处理好整个内部空间的色彩关系；其次要认真分析人们感知色彩的过程，以便能为人们打造出美观、舒适的居住空间；再次，色彩设计要更加科学化、艺术化，在处理手法上要显得更加自然。例如，起居室、卧室、书房具有不同的使用功能，起居室多用于聚会和交谈，卧室主要用于休息与睡眠，书房主要用于学习和工作，因此，其色彩的设计应有所不同。（图6-13）

2. 努力改善居住环境的空间效果

居住空间的形式与色彩设计具有密切的关系。一方面，居住空间的形式是在色彩设计之前确定的，它是色彩设计的基础；另一方面，色彩对人的生理和心理有很大影响，可以在一定程度上改变空间效果。

不同的居住空间的形式、构造是不相同的，在进行色彩设计时，要充分考虑居住空间的特点，在现有空间的基础上营造美观、舒适的居住环境。当居住空间存在某些缺陷，又不能从根本上进行改造时，可以通过色彩设计来进行调整。一般来说，彩度较低的色彩可以营造柔和、安静、舒适的空间氛围；彩度较高的色彩可以营造活泼、

图6-13　同一个居住环境中不同功能空间的配色方式

愉快的空间氛围。当房间过于宽敞时，可采用具有前进感的色彩来处理墙面，使空间变得紧凑；当层高过高时，天花板可以采用较深的色彩；狭小的空间里要避免使用具有前进感的色彩，以免让人觉得空间更加狭小。（图6-14）

　　此外，室内空间与周围的环境密切联系，在设计中要处理好室内色彩与室外色彩的关系。

图6-14　符合空间构造的配色方式

四、注重配色的合理性　　　　　　　　　　　　　　　　　FOUR

　　单一的色彩没有对比关系，而当两种或两种以上的色彩组合在一起时，就会产生对比关系，这时就要注意配色的合理性问题了。同时看到两种色彩时所产生的对比称为同时对比，先看到一种色彩再看到另一种色彩时所产生的对比称为继时对比。同时对比和继时对比都会影响人们对居住空间的评价。从色彩的属性来看，色彩对比还可以分为色相对比、明度对比和彩度对比。

　　居住空间色彩设计必须符合美学法则。首先，要定好色彩的基调。色彩的基调就像乐曲中的主旋律，它是由空间中面积最大、人们注视得最多的色块决定的。一般来说，地面、墙面、天花板的色彩都可以构成居住空间色彩的基调。其次，要处理好统一与变化的关系。从整体来看，墙面、地面、天花板等可以成为家具、陈设与人的背景，从局部来看，沙发可以成为靠垫的背景。在进行居住空间设计时，一定要弄清它们之间的关系，使其构成一个层次清晰、主次分明、彼此衬托的有机体。再次，要注意体现稳定感与平衡感。居住空间的配色在一般情况下应让人感到舒适、稳定。最后，要注意体现韵律感与节奏感。居住空间色彩的变化要有规律性，以形成韵律和节奏。在设计过程中要处理好门、窗的色彩与墙、窗帘的色彩之间的关系，有规律地配置室内空间中家具、灯具与陈设的色彩，以便体现韵律感和节奏感。

　　在室内空间中，空间界面、门、窗、家具、陈设等的色彩是不同的，受周围环境及照明的影响，色彩又会产生不同的效果，在居住空间色彩设计中，一定要综合考虑各种因素。配色合理的居住空间会让人觉得美观、舒适；反之，则会让人觉得零乱、不协调。合理的配色方案在居住空间设计中起着非常重要的作用。（图6-15）

图 6-15　通过合理地配色营造舒适的睡眠空间

第二节

居住空间色彩设计方法 ◀◀◀◀

　　配色是否协调会直接影响居住空间的整体面貌。在居住空间中，各种色彩相互作用，和谐与对比是最基本的关系，处理好这种关系是营造空间氛围的关键。在居住空间设计中，如果色彩搭配和谐、优美，就会使室内空间既美观，又富有情趣。配色协调意味着色彩的色相、明度、彩度接近，从而产生一种统一感，但要避免过于平淡、沉闷、单调。因此，在色彩设计中，既要考虑色彩之间的共性，也要考虑色彩之间的对比。另外，配色是否协调，还与色块的面积、空间构造、装饰材料的质感等因素有关。

一、类似色的配色与协调 ONE

色相环中90°夹角范围内的色彩统称为类似色。类似色的配色与协调是将色彩之间统一的因素放在首位，然后再考虑其中变化的因素。类似色配色色相对比不强烈，通常给人以平静的感觉，因此，类似色配色是居住空间设计中经常用到的一种配色方式。

1. 类似色配色的分类

类似色配色可以分为同一色相配色、邻近色相配色和类似色相配色三种类型。

同一色相配色是指在色相环中15°夹角范围内的色彩搭配方式。色相相同，但彩度和明度略有不同。

邻近色相配色是指在色相环中60°夹角范围内的色彩搭配方式。色相环中相邻的颜色，如绿色和蓝色、红色和黄色，就互为邻近色。

类似色相配色是指在色相环中90°夹角范围内的色彩搭配方式。例如，绿色、黄绿色、黄色为类似色；蓝色、蓝紫色、紫色也为类似色。（图6-16）

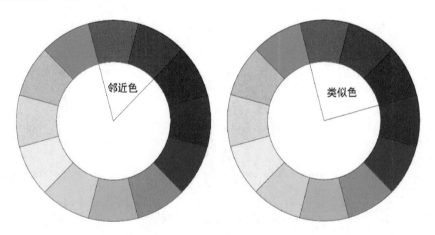

图6-16 邻近色和类似色

2. 类似色配色的特点

（1）采用这种配色方式，很容易达到和谐、统一的视觉效果。

（2）色彩过渡柔和，既有利于营造平静的空间氛围，也可以为室内陈设提供良好的背景。

（3）类似色配色是一种比较容易运用的配色方式，受到大多数人的喜爱，同时也是居住空间设计中经常用到的一种配色方式。（图6-17和图6-18）

3. 类似色配色的原则

（1）采用这种配色方式时，由于色相比较接近，所以整体空间容易使人感到缺乏变化。在这种情况下，可以从色彩的明度方面来进行调整，以便增强色彩的对比效果。

（2）为了避免类似色配色所产生的单调感，当配色的几种色彩彩度比较接近时，可以从装饰材料的质感方面来进行调整。

图 6-17　暖色系类似色配色　　　　　　　　图 6-18　冷色系类似色配色

（3）黑色、白色、灰色属于无彩色，同时，黑色是明度最低的色彩，白色是明度最高的色彩，灰色是无彩色中最柔和的中性色。在采用类似色配色的居住空间里加入黑色、白色、灰色，可以在不破坏空间氛围的前提下，从明度上实现色彩搭配的变化。（图6-19）

（4）采用类似色配色时，如果显得过于朴素、单调，可以借助于陈设、绿植等形成小面积的色相、明度或彩度对比，从而使空间色彩更加丰富。（图6-20）

图 6-19　在居住空间里加入黑色、白色和灰色　　　　图 6-20　采用绿植使空间色彩更加丰富

4. 类似色配色的应用

在居住空间设计中，类似色配色是一种受到许多人喜爱的配色方式，也是一种比较容易运用的配色方式。从居住空间的特性来看，类似色配色既适合于比较安静的空间，如卧室、书房等，也适合于氛围庄重的空间。（图6-21）

图 6-21　类似色配色

二、对比色的配色与协调　　　　　　　　　　　　　　TWO

　　简单来说，色相环中相距较远的色彩统称为对比色。对比色的配色与协调是将色彩之间变化的因素放在首位，然后再考虑其中统一的因素，以达到协调。对比色配色是达到明显的色彩效果的重要手段，也是赋予色彩以表现力的重要方法。对比色配色充满活力，具有较强的视觉冲击力，同时具有突出、醒目的特点。

1. 对比色配色的分类

1）对比色相配色

　　对比色相配色是指色相环中相距120°左右的两种色彩之间的搭配方式。对比色相配色比类似色相配色更鲜明、丰富，更容易使人兴奋、激动。

　　互补色相配色是指色相环中相距180°的两种色彩之间的搭配方式。互补色相配色比对比色相配色更丰富、强烈，更具有刺激性。把互补色放在一起，会给人强烈的排斥感，若将互补色混合在一起，会调出浑浊的颜色。例如，红色和绿色、蓝色和橙色、黄色和紫色互为互补色。（图6-22）

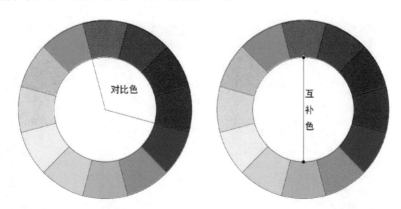

图 6-22　对比色和互补色

2）对比彩度配色

　　将不同彩度的色彩搭配在一起的配色方式称为对比彩度配色。彩度不同的两种色彩相邻时会相互影响，彩度高的色彩看起来更鲜艳，彩度低的色彩看起来更素净，而被无彩色包围的有彩色，看起来彩度更高。任何一种色彩，只要降低它的彩度，就会立刻表现出不同的特征，并在不同程度上使色彩的冷暖倾向发生变化。（图6-23和图6-24）

图 6-23 对比彩度配色（一）

图 6-24 对比彩度配色（二）

3）对比明度配色

将不同明度的色彩搭配在一起的配色方式称为对比明度配色。明度不同的两种色彩相邻时，明度高的色彩看起来更明亮，明度低的色彩看起来更暗淡。色相不同的色彩之间也存在着明度对比，例如，在未调配过的色彩中，黄色比橙色亮，橙色比红色亮，红色比紫色亮，紫色比黑色亮。另外，光线照射也会引起色彩明度的变化。（图6-25）

图 6-25 对比明度配色

2. 对比色配色的特点

（1）采用对比色配色时，居住空间的各个组成部分有着不同的色调，可以充分表现出色彩的丰富性。

（2）对比色在色相、明度、彩度方面的差异较大，将对比色搭配在一起，可以使整体的空间氛围产生明显的变化，能创造出一种视觉感受上的节奏起伏和韵律变化，给人以明快的感觉。

（3）采用互补色相配色时，色彩对比更加鲜明，所营造的居住空间非常具有表现力和动感。

（4）在室内空间里，可以根据需要，将对比色施加在室内空间的组成元素上，通过色彩构成的新奇效果来表现室内空间的个性。

（5）在居住空间设计中，可以采用醒目的对比色块，突出建筑内部的重点部位或空间。

（6）在居住空间设计中，可以通过背景色和物体色的对比来丰富室内空间的层次。（图6-26和图6-27）

图 6-26 对比色配色 图 6-27 互补色相配色

3. 对比色配色的原则

对比色配色具有鲜明、强烈、丰富的特点，容易使人兴奋、激动，如果搭配不当，容易造成视觉以及精神上的疲劳。另外，对比色配色相对比较复杂，它不容易让人产生单调感，但是容易让人感到杂乱、过分刺激，容易产生不协调、倾向性不强、缺乏个性等缺陷。采用对比色配色时要注意以下几点。

（1）定好色彩的基调。色彩的基调属于支配色，它由对比色中在色相、明度、彩度方面占优势的色彩决定，或者由面积最大、人们注视得最多的色块决定。支配色统一是实现配色协调的一种手段。（图6-28）

（2）采用强调色进行调节。强调色属于从属色，在小范围内使用与支配色对比强烈的从属色，可以起到调节的作用。整体色调较暗时，从属色最好用明度较高的色彩；整体色调较亮时，从属色最好用明度较低的色彩。（图6-29）

（3）处理好统一与变化的关系。采用对比色配色时，一定要处理好统一与变化的关系，使居住空间中所有有色彩的元素构成一个层次清晰、主次分明、彼此衬托的有机体。（图6-30）

（4）注意体现韵律感与节奏感。

（5）采用对比色配色时，色块的面积不能相等，明度、彩度也不能相同。（图6-31）

4. 对比色配色的应用

在居住空间设计中，将对比色配色应用在娱乐空间中，可以营造欢快的空间氛围；将对比色配色应用在儿童

图 6-28　支配色统一的配色效果

图 6-29　采用强调色进行调节

图 6-30　层次清晰的起居室

空间中，可以满足活泼、好动的儿童对环境的需求，同时可以为幼儿的视力发育提供色彩支持；将对比色配色应用在过渡空间中，可以减弱水平交通空间或垂直交通空间的单调感；将对比色配色应用在整个居住空间中，可以很好地体现住宅主人的色彩喜好。（图6-32）

图 6-31　明度、彩度不同的对比色配色

图 6-32　餐厅、起居室的对比色配色

三、无彩色、有彩色及光泽色的配色与协调　　　　　　　THREE

1. 无彩色配色

无彩色（即白色、黑色、灰色）不存在于色相环中。白色明亮、纯净、高雅，黑色深沉、庄重，灰色介于白色与黑色之间，属于中性色。无彩色配色既可以营造高雅、庄重的空间氛围，也可以营造现代、时尚的空间氛围。（图6-33和图6-34）

图 6-33　具有稳重感的无彩色配色

图 6-34　具有时尚感的无彩色配色

2. 无彩色与有彩色配色

在纷繁的色彩组合中，无彩色可以起到中和、转化、过渡的作用。无彩色与有彩色组合在一起，既可以形成对比，又具有不排斥有彩色的随和性。无彩色无论是与类似色组合，还是与对比色组合，都可以显得很协调。（图6-35）

3. 光泽色配色

金色、银色属于光泽色。金色、银色具有极其醒目的视觉效果，它们可以与任何色彩搭配。在色彩搭配不协调的情况下，使用金色、银色可以立刻使色彩变得和谐起来。金色、银色尤其适合于与原色搭配，可以产生华丽、辉煌的视觉效果。金色和银色一般不能同时存在，在同一个空间中，只能使用金色和银色中的一种颜色。另外，如果大面积地使用金色或银色，对空间的要求会非常高，要尽量避免出现过于华丽的视觉感受。（图6-36）

图 6-35　无彩色与有彩色配色

图 6-36　光泽色配色

思考题

1. 色彩会让人产生哪几种感受?

2. 对比色配色的原则有哪几条?

第七章

居住空间软装设计与搭配技巧 ·················

RESIDENTIAL
INTERIOR
DESIGN AND
LANDSCAPE
DESIGN

◀ ◀ ◀ ◀

◀ ◀ ◀ ◀

　　从广义上讲，室内空间里所有可以移动的装饰性元素统称为软装元素。软装元素包括家具、灯饰、织物、绿植等。其中，织物是室内空间里除家具以外面积最大的软装元素，是室内环境视觉要素的重要组成部分。从狭义上讲，软装元素特指室内空间里所有织物类的装饰性物件，包括地毯、墙布、桌布、床上用品、盥洗用织物、厨房用纺织品以及用纤维制成的工艺品等。这些织物不仅具有实用价值，还具有审美价值。本章主要是从狭义的角度来讲解居住空间软装设计与搭配技巧。

第一节

软装织物的特点及选择 ◀◀◀◀

一、软装织物的特点 　　　　　　　　　　　　　　　　ONE

　　软装织物包含了我们生活中所有的家居纺织品。居住空间软装设计是室内设计的一部分，在进行软装设计的时候，要注意与室内的整体风格保持一致，在满足功能要求的基础上达到美化、装饰的作用。软装织物的材料主要是棉、麻、丝、毛等，这些材料所具有的独特性能使软装织物在所有装饰材料中占有非常重要的地位。

1. 质地柔软

　　柔软的织物是室内设计中营造室内氛围最重要的材料之一。织物柔软的质地、富于变化的纹样和色彩可以调节坚硬的家具所带来的冷漠感，使居住环境变得温馨、舒适，使居住空间的整体氛围变得柔和。

　　软装织物以其独特的感染力、纹样和色彩的装饰性，以及造型的生动性，与家具等一起构成了独具特色的居住空间，为生活增添了情趣。软装织物还可以弥补室内其他的元素在色彩、图案等方面的不足，起到烘托作用。（图7-1）

图 7-1　质地柔软的软装织物

2. 易加工，易更换

软装织物加工方便，原材料通过印染、编织、缝纫等过程被加工成成品。软装织物符合现代人的审美观念，能够适应不同风格的居住环境的需要。同时，软装织物更换也比较方便，不同风格、不同配色的软装织物搭配在一起可以带来不同的情感体验。居住空间中经常更换软装织物，可以使居住者经常充满新鲜感。（图7-2）

图7-2　不同配色的软装织物可以带来不同的情感体验

3. 性能良好

软装织物一般具有遮挡视线、防尘、调节光线等功能，有利于提高居住环境的质量。软装织物除了可以满足功能需求之外，还可以点缀空间，烘托室内气氛，营造环境氛围，充分体现居住者的兴趣爱好。

软装织物在不同的功能空间里所起的作用不同，所占的比重也不同。例如：卧室作为睡眠空间，以软装织物为主体，强调的是功能性和舒适性，需要营造的是安逸、舒适的环境氛围，床单、被罩、窗帘等大面积的软装织物要尽量形成和谐、统一的关系，在此基础上再增加少量的装饰性元素；客厅作为家庭聚会和会客的空间，以家具、陈设为主体，强调的是装饰性，需要营造的是温馨、热闹的环境氛围，软装织物主要起衬托、点缀的作用。（图7-3）

图7-3　软装织物可以营造不同的环境氛围

二、软装织物在居住空间设计中的作用   TWO

软装织物已渗透到室内设计的各个方面，不同的功能空间对软装织物的要求也不同。在设计中我们要以人为本，对软装织物的搭配也是如此，在彰显独特个性的同时，创造出舒适的居住环境。

1. 软化空间

随着建筑技术的发展，钢筋混凝土等冷漠、生硬的材料充斥于居住空间，使建筑缺少了应有的人情味。而软装织物本身所具有的柔软特性可以改变这种冷漠、生硬的空间感，软化空间，创造出温暖、柔和的室内环境。近年来，由于艺术思潮的影响和新的设计观念的介入，立面软装织物，如墙布、壁挂等，越来越强调材料、色彩和室内环境的关系，既要具有防潮、御寒等功能，又要具有装饰、美化的效果，还要尽量体现出主人的性格及爱好。对于具有一定的私密性的卧室，舒适、宁静是软装织物设计的宗旨，从窗帘到地毯，从床上用品到布艺小品，色彩、纹样、款式等都应有序地搭配组合，构成一个温馨的睡眠空间。随着人们对住宅品质要求的提高，地毯越来越受人们青睐，它不仅可以软化空间，还可以提高生活质量。比如，在卧室中使用地毯，不仅能产生温馨感，还能消除脚步声，减少噪声，为居住者提供安静、舒适、温馨的睡眠环境。在卧室中使用厚实、遮光的窗帘，可以有效控制噪声和光线。在客厅中使用软装织物可以营造轻松、愉快、亲切的氛围。（图7-4）

图7-4 软装织物可以软化空间

2. 分隔空间

在室内环境现有的空间布局里，可以利用软装织物对空间进行二次划分，分隔出新的空间，丰富空间的层次。人们从很久以前就开始使用帷幔和屏风分隔空间。帷幔和屏风能够被长期使用主要是因为它们具有非常多的优点。它们可以随意移动，可分可合，可开可闭，色彩丰富，可以起到很好的装饰作用。通过色彩、图案、纹理等艺术元素的结合，可以在视觉效果上形成巧妙的对比，从而增强居住环境的艺术氛围。（图7-5）

3. 调整和强化空间氛围

室内空间由于空间构造的不同，会给人带来宽敞或狭小的感觉，合理地利用软装织物装饰室内空间可以较好地调节空间尺度，给人带来舒适的空间感受。例如，当居住空间过于宽敞时，可以在墙面或顶面采用带有图案的软装织物进行装饰，使原本高大、空旷的空间变得充实、亲切。

不同的功能空间应采用不同的软装织物进行装饰。例如，书房应尽量采用素雅的软装织物，以免给人带来凌

图7-5 利用隔帘将房间分隔为睡眠空间和工作空间

乱感，同时有利于居住者集中精力学习或工作，而门厅、过道等人流量较大的过渡空间则可以采用较为鲜艳的软装织物，以丰富空间层次。

在居住空间中，各种元素会形成不同的层次，各个层次的元素是相互作用、相互影响的。在有限的空间里，采用图案、色彩和纹理不同的软装织物进行搭配，与室内硬装相辅相成，不仅可以体现主人的个性与品位，还可以强化居住空间的整体氛围。（图7-6）

图7-6 利用软装织物强化空间的整体氛围

三、软装织物的选择   THREE

1. 软装织物材料的选择

一般来说，人们比较喜欢柔软、温暖、光滑的物体，而对坚硬、冰冷、粗糙的物体则比较排斥。由于软装织物具有柔软、温暖的特点，所以会让人产生触摸的欲望，让人感觉很温馨、很舒适。不同的软装织物制作工艺不同，质感不同，给人带来的情感体验也不同。从光滑、柔顺的丝织物到织纹起伏明显的毛织物，都可以给人以美感。（图7-7）

图 7-7 不同质感的软装织物可以给人带来不同的情感体验

2. 软装织物色彩的选择

不同的色彩能产生不同的视觉效果，给人带来不同的情感体验。软装织物的色彩应根据居住空间的特征和功能需求进行选择。一般来说，在选择软装织物的色彩时，宜多用对人们的生理和心理起平衡、稳定作用的调和色、邻近色，再搭配少量的对比色来活跃气氛。另外，也可以根据居住空间的大小、朝向、采光等条件来选择合适的色彩。（图7-8）

图 7-8 不同色彩的软装织物

3. 软装织物图案的选择

图案是软装织物的一种重要的表现形式。条纹、格子、动物、植物等各种题材的图案，以及印染、刺绣、提花等各种工艺的图案对人对空间的心理感受的影响并不亚于色彩的影响。软装织物的图案是否协调，在一定程度上是通过人的视觉感受来反映的。一般来说，宽敞的空间可以采用图案较大的软装织物来丰富空间层次，而狭小的空间则适合采用细纹的软装织物。不同的图案还可以营造不同的文化氛围。例如，中国的青花和日本的团花可以使人们感受到不同国度的风情。（图7-9）

图 7-9　软装织物的图案可以影响人对空间的心理感受

第二节

软装织物的类型及作用 ◀◀◀◀

要想在居住空间设计中正确地选用软装织物，必须先了解室内软装的特点、软装织物的性能以及软装织物在室内装饰中的作用。一般来说，室内空间中最重要的软装织物是能够凸显室内装饰风格的窗帘、床罩、沙发罩等；其次是大面积铺设的地毯和墙布等，它们主要起烘托作用；最后是小面积铺设的桌布、靠垫等，它们主要起点缀作用。这三类软装织物之间是相辅相成的关系，只有精心搭配，才能营造出富有层次感的居住空间。

一、居住空间中的软装织物的类型   ONE

1. 隔帘遮饰类软装织物

隔帘遮饰类软装织物主要包括窗帘、门帘、隔帘、帷帐、帷幔、屏风等，具有分隔空间、调节光线与温度、遮挡视线、挡风等功能。（图7-10）

2. 床上铺饰类软装织物

床上铺饰类软装织物主要包括床单、床罩、被罩、枕套等，具有改善床的舒适度、防尘等作用。（图7-11）

3. 家具罩饰类软装织物

家具罩饰类软装织物主要包括椅罩、沙发罩、电器罩等。用织物覆盖家具或将织物按照家具形状做成套罩在家具上，可以起到保持家具整洁、防尘等作用。（图7-12）

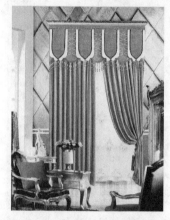

图7-10 隔帘遮饰类软装织物   图7-11 床上铺饰类软装织物   图7-12 家具罩饰类软装织物

4. 地面铺饰类软装织物

地面铺饰类软装织物主要包括地毯、地垫等，具有降低噪声、美化空间等作用。（图7-13）

5. 墙面贴饰类软装织物

墙面贴饰类软装织物主要包括墙布、墙面软包等，具有吸音、隔热、美化空间等作用。（图7-14）

6. 陈设装饰类软装织物

陈设装饰类软装织物主要包括壁挂、艺术品等。这类软装织物既可以装饰空间，也可以调节空间氛围。（图7-15）

7. 卫生餐厨类软装织物

卫生餐厨类软装织物主要包括毛巾、浴帘、餐桌布、餐巾、餐垫等，具有保持家具整洁、遮挡视线、分隔空间等作用。（图7-16）

图7-13 地面铺饰类   图7-14 墙面贴饰类软装织物   图7-15 陈设装饰类   图7-16 卫生餐厨类软装织物
软装织物   软装织物

二、居住空间中的软装织物的作用   **TWO**

1. 地毯

地毯主要以毛、麻、丝、人造纤维等为原料制成，是现代居住空间设计中使用得非常多的一种地面铺设材料。

1）地毯的分类

（1）纯毛地毯。纯毛地毯具有较好的吸湿性，不会产生静电，一般选用弹性和耐久性较好、不易脏污的天然毛纤维制成。（图7-17）

（2）混纺地毯。混纺地毯一般采用天然、毛纤维和合成纤维混合制成，可以克服纯毛地毯不耐虫蛀、易腐蚀的缺点，进一步提升了地毯的耐久性。（图7-18）

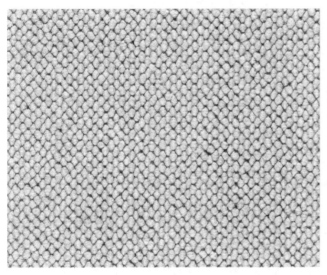

图 7-17　纯毛地毯　　　　　　　　　　　　　　　　图 7-18　混纺地毯

（3）化纤地毯。化纤地毯一般以化学纤维为原料制成，并且经过了特殊处理，具有阻燃、防静电、耐虫蛀等特点，在品质与触感上可以达到纯毛地毯的效果。（图7-19）

（4）天然植物纤维地毯。天然植物纤维地毯一般以天然植物纤维为原料制成，能营造自然、质朴的环境氛围。（图7-20）

图 7-19　化纤地毯　　　　　　　　　　　　　　　　图 7-20　天然植物纤维地毯

2）地毯的作用

（1）地毯可以在满足室内空间的功能需求及布局需求的基础上，起到烘托空间气氛、连接空间和划分空间的作用。例如，在客厅的沙发下铺设地毯，能达到从视觉上感受到明确的会客区域的效果。（图7-21和图7-22）

图 7-21　利用地毯划分空间

图 7-22　利用地毯连接空间

（2）通过铺设地毯，可以很方便地改变室内地面的面貌。（图7-23和图7-24）

图 7-23　满铺地毯

图 7-24　局部铺设地毯

（3）地毯具有较好的吸音效果，适合在卧室、书房、影音室等对声音要求较高的室内空间中使用。（图7-25）

图 7-25　地毯的吸音效果优化了空间功能

2. 窗帘

窗帘可以起到保护隐私、遮光的作用。除此之外，从装饰效果来看，窗帘还可以丰富空间的层次感，增加艺术情调。在设计中需要根据实际情况来确定窗帘的长度、质地、色彩等。

1）窗帘的分类

（1）透光窗帘。透光窗帘是指使用纱织物或蕾丝编织物等轻薄且透光的材料制成的窗帘。（图7-26）

（2）半透光窗帘。半透光窗帘是在室内环境中使用较多的一种窗帘，是介于遮光窗帘和透光窗帘之间的一种窗帘。（图7-27）

（3）遮光窗帘。遮光窗帘主要是指在窗帘布的背面添加树脂涂层的窗帘或采用黑线混织而成的双层窗帘，具有很好的遮光性。（图7-28）

图 7-26　透光窗帘　　　　　　　图 7-27　半透光窗帘　　　　　　　图 7-28　遮光窗帘

2）窗帘的作用

（1）保护隐私。室内空间是属于家庭或个人的私密空间。对于居住者而言，透光的同时能遮挡视线是窗帘最重要的作用之一。（图7-29）

（2）遮光、保温。窗帘既可以挡住室外的光线，也可以防止室内的光线外泄。窗帘厚度不同，其保温功效也

存在差异。（图7-30）

（3）吸音降噪。厚实的窗帘可以吸收一部分来自外界的噪声，改善室内的声环境。另外，适当厚度的窗帘可以防止室内的声音在窗户玻璃上发生反射，在对音响效果要求较高的室内空间里可以起到较好的调节作用。

（4）装饰墙面。在室内空间中，窗帘是墙面最重要的装饰物之一。合适的窗帘可以使居住环境更美观，更富有个性。（图7-31）

（5）阻燃。采用难燃材料制成的窗帘，可以提高居住环境的安全性，避免发生火灾或在失火的情况下防止大火蔓延。

图7-29　透光的同时能遮挡视线的窗帘　　　　图7-30　遮光、保温的窗帘　　　　图7-31　装饰墙面的窗帘

3. 墙布

1）墙布的分类

（1）无纺贴墙布。无纺贴墙布是采用棉、麻等天然纤维或合成纤维，经无纺成型、涂布树脂、印刷彩色花纹等工序制成的一种墙布。无纺贴墙布富有弹性，不易折断，色彩鲜艳，图案丰富，粘贴方便，广泛地运用于居住空间中。

（2）棉纺装饰墙布。棉纺装饰墙布是采用纯棉平布，经前期处理、印花、涂布耐磨树脂等工序制成的一种墙布。棉纺装饰墙布强度大、无毒、无味、美观、大方，适用于较高档的住宅的墙面装饰。

（3）化纤装饰墙布。化纤装饰墙布是采用化学纤维织成的布，经一定处理后再印花而制成的一种墙布。化纤装饰墙布具有无毒、无味、透气、防潮、耐磨等特点。

（4）玻璃纤维印花贴墙布。玻璃纤维印花贴墙布是采用中碱玻璃纤维布，经涂布耐磨树脂、印花等工序制成的一种墙布。这种墙布具有不褪色、不老化、防水、色彩鲜艳、花色多样、价格低廉等特点，适用于各种室内空间的墙面装饰。

2）墙布的作用

（1）装饰空间。墙布花色多样，图案种类繁多，选择余地大，可以使空间氛围更加温馨、和谐。采用不同风格的墙布可以营造出不同感觉的个性空间，这是其他墙面材料做不到的。（图7-32）

（2）保护墙面。在居住空间中，凳子、桌子或其他硬物长期接触墙面，容易使墙面出现黑印，另外，张贴、悬挂字画等也会使墙面出现掉漆现象，这些都会影响墙面的美观。使用墙布，能让墙面保持整洁、美观。（图7-33）

（3）防水、防霉。墙布的防水性能极佳，透气性能良好，可以有效地改善家居环境。如果墙体湿度大，墙布可以通过细孔排出墙内的潮气，防止墙面发霉、脱落。（图7-34）

图 7-32 具有装饰作用的墙布

图 7-33 保护墙面的墙布

（4）隔音。墙布的表面纹理凹凸，背面采用高级材料涂层处理，这种特殊结构有利于吸收声波的能量，从而使墙布具有良好的隔音性能。

图 7-34　防水、防霉的墙布

（5）环保、无味。大多数墙布是以天然材料为基材，以各类纯布为表面主材制成的，因此具有环保、无味的特点，同时具有很好的抗拉性。（图7-35）

图 7-35　环保、无味的墙布

4.床上铺饰类软装织物

床上铺饰类软装织物，如床单、枕套、被罩等，应尽量选择柔软、舒适、美观的纺织品。床上铺饰类软装织物的作用如下。

（1）保温。床上铺饰类软装织物具有御寒、保温的功能。被子、褥子、枕头等形成了一个温暖、舒适的睡眠空间，人们置身于其中，能有效地防止体内热量散失，从而保证睡眠时所需要的温度。

（2）让人们感到舒适。床上铺饰类软装织物一般都比较柔软，人们睡觉时置身于其中会产生良好的触觉感受，可有效地消除疲劳，恢复体力。

（3）美化卧室空间。床上铺饰类软装织物具有丰富、美观的色彩和图案，可以成为卧室空间中的视觉焦点。（图7-36）

图 7-36 柔软、舒适、美观的床上铺饰类软装织物

5. 家具罩饰类软装织物

家具罩饰类软装织物主要是指覆盖在家具表面，起装饰、美化、保护等作用的纺织品，包括椅罩、沙发罩、电器罩等。

家具罩饰类软装织物应尽量选择厚实、耐磨、美观、质感好的纺织品。椅罩、沙发罩的功能不仅是防尘，更主要的是装饰、美化室内空间。沙发靠背、扶手处的披巾的主要作用是防止人的头部、后背、手等接触沙发而将其污染，同时具有一定的装饰作用。家用电器和洁具上有时也会用到织物。对于家用电器而言，织物的主要作用是防尘；对于洁具而言，织物的主要作用是让使用者在寒冷的冬季使用洁具时觉得更温馨。家具罩饰类软装织物使用得当，不仅可以丰富居住空间的层次，还可以起到画龙点睛的作用。（图7-37）

图 7-37 家具罩饰类软装织物

思考题

1. 软装织物有哪些特点？

2. 简述居住空间中的软装织物的作用。

第八章

居住空间装饰材料的选择与运用............

RESIDENTIAL INTERIOR DESIGN AND LANDSCAPE DESIGN

◀ ◀ ◀ ◀

◀ ◀ ◀ ◀

第一节

居住空间界面
装饰材料的类型

居住空间界面装饰材料的选用，是界面设计中非常重要的环节，它会直接影响室内空间设计的实用性、经济性、美观性。因此，设计人员应当熟悉各种装饰材料的性能和使用方法，并且善于运用先进的技术，为创造舒适、温馨的居住空间打下坚实的基础。在进行设计的时候，要考虑装饰材料的质感、色彩对装饰效果的影响。居住空间装饰材料不仅能改善室内环境，使人们得到美的享受，同时还具有防潮、防火、吸音、隔音等功能。

居住空间界面装饰材料可分为以下几类：①石材；②陶瓷制品；③玻璃制品；④涂料；⑤墙纸和墙布；⑥装饰板材；⑦金属材料；⑧木质材料；⑨塑料材料；⑩地毯。

第二节

地面装饰材料的
选择与运用

地面装饰材料可分为以下几类：①石材；②陶瓷制品；③木质地板；④塑料地板；⑤地毯；⑥地板漆。

一、石材   ONE

石材作为一种高档的建筑装饰材料，广泛运用于居住空间设计中。目前，市场上常见的石材可以分为天然石材和人造石材两大类。天然石材分为大理石和花岗岩两种。人造石材分为水磨石和合成石，水磨石以水泥、混凝土等为原料经锻压而成，合成石以天然石粉为原料，加上黏合剂等经加压、抛光而成。

居住空间地面装饰材料中的石材有天然大理石地砖、青石板地砖等。

1. 天然大理石地砖

大理石是地壳中原有的岩石经过地壳内高温、高压的作用形成的变质岩，主要由方解石、石灰石、蛇纹石和白云石组成。由于大理石一般都含有杂质，而且石灰石在大气中受二氧化碳、碳化物等的影响，容易风化和溶蚀，所以大理石表面很容易失去光泽。一般情况下，只有汉白玉、艾叶青等杂质含量少的大理石可用于室外，其他品种的大理石一般只用于室内。（图8-1）

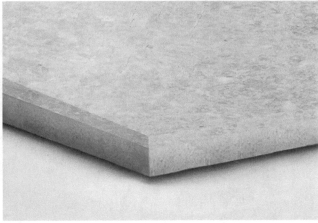

图 8-1　天然大理石地砖装饰效果

2. 青石板地砖

青石板属于沉积岩。由于岩石埋藏条件不同，再加上铜、铁、锰、镍等金属氧化物混入，所以青石板具有很多种色彩。青石板的主要成分为石灰石、黏土、氧化硅、氧化镁等。（图8-2）

图 8-2　青石板地砖装饰效果

在地面上铺青石板地砖时要注意两点：一是青石板地砖最好错开铺；二是铺完青石板地砖后一定要刷两遍清漆，否则时间久了，青石板地砖的表面会一层一层地剥落。

二、陶瓷制品　　　　　　　　　　　　　　　　TWO

居住空间地面装饰材料中的陶瓷制品有釉面砖、通体砖、抛光砖、仿古砖、陶瓷锦砖等。

1. 釉面砖

釉面砖是表面经过上釉、高温高压烧制等处理的瓷砖，由土坯和釉面构成。用陶土烧制出来的釉面砖背面呈红色，用瓷土烧制出来的釉面砖背面呈灰白色。釉面砖的表面可以做各种图案和花纹。因为釉面砖的表面是釉料，所以耐磨性不如抛光砖。（图8-3）

釉面砖的施工工艺如下。

（1）找平。先清除地面的污垢，再将凹凸不平的地方用水泥砂浆找平（找平层的厚度为7~12 mm），待找平

图 8-3　釉面砖装饰效果

层完全干爽后再铺贴瓷砖。

（2）弹线。根据设计要求，确定排砖方案，在干爽的找平层上弹出瓷片位置线及砖缝位置线。

（3）铺贴。预排一般从阳角开始，把非整块的瓷砖排在次要部位。在找平层上喷洒足够的水，将浸水的瓷片从水中取出，在瓷砖背面均匀地抹上水泥砂浆，砂浆厚度以5~6 mm为宜，随即将瓷砖贴上，用木槌轻轻敲击，避免空鼓，并用直尺或水平尺找平。

（4）修整。贴完一定面积的瓷砖后，要用水泥砂浆在砖缝处填补、刮平，最后还应清除瓷砖表面的污垢。

2. 通体砖

通体砖是将岩石碎屑经过高压压制而成的。通体砖的表面经过抛光后，硬度可与石材相比，吸水率更低，耐磨性更好。通体砖的表面不上釉，而且正面和反面的色泽一致。虽然现在出现了渗花通体砖等品种，但相对来说，其花色比不上釉面砖。大部分防滑砖都属于通体砖。（图8-4）

图 8-4　通体砖装饰效果

3. 抛光砖

抛光砖是对通体砖坯体的表面进行打磨后形成的一种光亮的砖。与通体砖相比，抛光砖的表面要光洁得多。
（图8-5）

抛光砖坚硬、耐磨，适合在洗手间、厨房等室内空间中使用。

图 8-5　抛光砖装饰效果

4. 仿古砖

大部分仿古砖是从国外引进的。仿古砖是从彩釉砖演化而来的，实质上是上釉的瓷砖。仿古砖与普通的釉面砖的差别主要表现在釉料的色彩上面。（图8-6）

图 8-6　仿古砖装饰效果

5. 陶瓷锦砖

陶瓷锦砖又称为马赛克，是用优质瓷土烧制而成的，一般做成18.5 mm×18.5 mm×5 mm、39 mm×39 mm×5 mm的小方块。陶瓷锦砖出厂前一般都已按图案反贴在牛皮纸上，每张牛皮纸大约30 cm见方，称为一联，每40联为一箱。（图8-7）

图 8-7　陶瓷锦砖装饰效果

陶瓷锦砖质地坚实，经久耐用，能耐酸、耐碱、耐火、耐磨，吸水率低，不渗水，易清洗，可用于民用建筑的门厅、走廊、餐厅、卫生间、浴室等处的地面和内墙面，也可用于高级建筑物的外墙面。

三、木质地板　　　　　　　　　　　　　　　　　THREE

居住空间地面装饰材料中的木质地板有实木地板、实木复合地板、强化复合地板、竹木地板、软木地板等。

1. 实木地板

实木地板是天然木材经烘干、加工后形成的地面装饰材料。实木地板具有树木自然生长过程中产生的纹理，安全、无毒，可用于卧室、客厅、书房等室内空间的地面。（图8-8）

图 8-8　实木地板装饰效果

实木地板的安装工艺如下。

（1）找平。

（2）弹线。在基层上按照规定的搁栅间距和基层预埋件弹出十字交叉线。根据水平基准线，在墙面上弹出地面设计标高线。

（3）安装搁栅、钢骨架。搁栅一般采用干木材，双向铺设，间距一般为305 mm。搁栅应从墙边开始，逐步向对面铺设，铺设数根搁栅后应用水平尺找平。搁栅的表面应平直，搁栅和墙之间应留出不小于30 mm的间隙，以便于隔潮和通风。安装钢骨架时，先将连接件固定在地面上，然后将钢骨架片与连接件焊接在一起，钢骨架的间距应不大于400 mm。钢骨架安装要稳定，表面要平整。

（4）安装毛地板。毛地板一般采用细木工板。毛地板与钢骨架通过螺栓连接在一起，毛地板与钢骨架的固定要稳定，表面要平整，螺栓应陷入板面，不得突出。

（5）安装地板。钉子要足够长，以保证能与搁栅连接，并应从侧面斜向将钉子钉入木板，钉帽不得露出。

（6）安装踢脚板。先在墙面上弹出踢脚板上口水平线，再用钉子将踢脚板钉牢。接头锯成45°斜面，接头上下各钻两个小孔，钉入圆钉，将钉帽打扁，并冲入2~3 mm。

2. 实木复合地板

实木复合地板是由不同树种的板材交错层压而成的，在一定程度上克服了实木地板湿胀干缩的缺点，具有较好的尺寸稳定性，并保留了实木地板的自然纹理。实木复合地板同时具有强化复合地板的尺寸稳定性与实木地板的美观性，而且具有环保优势。（图8-9）

图 8-9 实木复合地板装饰效果

在铺设实木复合地板时，相关材料应满足以下要求。

（1）实木复合地板面层所采用的条材和块材应符合设计要求，含水率不应大于12%。

（2）搁栅、垫木和毛地板等必须进行防腐、防蛀及防火处理。

（3）胶黏剂应采用具有防水、无毒等性能的材料，或按设计要求选用。

实木复合地板的安装工艺如下。

（1）根据设计标高，弹出水平控制线。

（2）根据水平控制线，对房间基层的标高进行测量，超过标高处，及时处理，对基层表面平整度的要求为不大于3 mm。

（3）根据房间大小及地板规格，在地坪上弹出地板分格线，房间四周留有空隙，以防地板伸缩。

（4）地板应按照图纸所示的铺设方向进行铺设，地板接缝均应按三分之一错开。

（5）铺设地板时，应从墙面开始，地板必须离墙面5~8 mm，保证地板有伸缩的余地，地板逐块排紧铺设，地板接缝的宽度应不大于0.5 mm。

（6）地板的收口压条可采用厚度为1.2 mm，宽度为10 mm的拉丝不锈钢压条。

（7）铺完地板后一段时间内，严禁无关人员进入房间。

3. 强化复合地板

强化复合地板由耐磨层、装饰层、基层、平衡层组成。它的优点是耐磨。强化复合地板具有非常好的尺寸稳定性，因此适用于装有地暖系统的房间。（图8-10）

图 8-10 强化复合地板装饰效果

强化复合地板的安装工艺流程为：基层处理—铺地垫—铺强化复合地板—安装收口压条—清理验收，详述如下。

（1）基层处理。

① 检查水泥砂浆地坪表面的平整度是否符合施工要求，地面是否有凸起、起泡、起皮现象，并对凸起、起泡、起皮的部位进行打磨、铲除及修补。

② 除去地面的油漆、胶水等残留物，并用拖布清理浮尘和砂粒，确保地面干净。

③ 用刷子将防潮涂料均匀地涂刷在基层上，根据涂料涂刷要求进行分遍涂刷，不得少刷或漏刷。

（2）铺地垫。将防潮地垫从预留位置的一侧铺好拉直，地垫应逐片铺设。

（3）铺强化复合地板。从预留位置的一侧开始铺强化复合地板，靠近瓷砖的地板应距离瓷砖10 mm左右，之后逐块排紧，地板间的企口应适当涂胶。

（4）安装收口压条。地板铺设完成后，在地板与瓷砖的接缝处用专用金属压条进行收口处理，用电锤在接缝处钻孔，将防腐木楔插入孔内，并用专用螺丝对压条进行固定。

（5）清理验收。铺完地板后，可用较柔软的布或毛巾将胶水清理干净，等待验收。

4. 竹木地板

竹木地板的面板和底板采用的是上好的竹材，而其芯层多为木材。竹木地板的生产制作要依靠精良的设备、先进的技术以及规范的生产工艺流程。竹木地板可用于住宅、写字楼等场所的地面装饰。（图8-11）

图 8-11　竹木地板

竹木地板的安装工艺如下。

（1）基层处理。如果基层不平整，要用水泥砂浆找平。基层的表面要不起砂、不起皮、不起灰、不空鼓、无油渍，用手摸要没有粗糙感。

（2）安装木龙骨。在地面做预埋件，用于固定木龙骨，预埋件的间距为800 mm。

（3）铺贴保温层。铺贴保温层的目的是减小人行走时的声音，改善保温效果。基层的表面和保温层的背面同时涂胶，胶面不粘手时即可铺贴。

（4）铺地板。

（5）安装踢脚板。先把踢脚板卡入预留的缝内，然后将地板钉钉入踢脚板，使踢脚板固定在墙面上。

5. 软木地板

与实木地板相比，软木地板的环保性更好，隔音性能和防潮效果也更好。软木地板可分为粘贴式软木地板和锁扣式软木地板。（图8-12）

图 8-12　软木地板装饰效果

软木地板的安装工艺如下。

（1）清理地面。用专用的铲刀铲除地面上的石膏、油漆、水泥硬块等，并吸尘，使地面没有尘屑。

（2）修补地面。查找地面上的缺陷并修补，以提高地面的平整度，要做到不遗漏。

（3）精磨地面并吸尘。用打磨机对地面进行精磨，进一步提高地面的平整度，使地面的平整度不大于2 mm。

（4）对可能会碰到的家具的边角进行保护。

（5）滚涂界面剂，保证地面与自流平水泥紧密结合，并有一定的防潮功能。

（6）搅拌自流平水泥。采用专业的工具搅拌自流平水泥，使自流平水泥更均匀，更细腻。

（7）搅拌完成后，尽快将自流平水泥倒入施工现场，并用耙子将其耙平，自流平水泥的厚度为2~3 mm。

（8）排气。将自流平水泥耙平后，尽快用排气滚筒对其进行放气处理。

（9）打磨自流平水泥并吸尘。打磨自流平水泥，去除自流平水泥表面的毛刺，并找平，然后对地面进行吸尘处理，做好涂胶前的准备工作。

（10）涂胶。滚涂专业的水性环保胶水，这样可以保证地面与地板完全形成一个整体，并且可以使地板不开裂，不翘边，不空鼓。

（11）画线，铺地板。铺地板时从中间向两边铺装，地板与墙面之间不需要留伸缩缝。

（12）安装踢脚板。安装专用踢脚板，使地板的颜色和墙面的颜色保持和谐、统一。

（13）涂布专用面漆。铺完地板后，用软木地板专用面漆对地板面层进行滚涂，这样可以进一步提高地板面层的耐磨性能和防水性能。

（14）使用保护液对地板进行保养。

四、塑料地板　　　　　　　　　　　　　　　　　　　FOUR

塑料地板的主要成分为聚氯乙烯。塑料地板由于花色丰富，被广泛地应用于民用建筑和商业建筑中。

塑料地板是一种在欧美非常受欢迎的产品，从20世纪80年代初开始进入中国市场。如今，在我国的许多城市中，塑料地板已经得到了普遍的认可，使用非常广泛，住宅、医院、学校、工厂、超市、体育馆等建筑物都采用塑料地板作为地面装饰材料。（图8-13）

图 8-13　塑料地板装饰效果

塑料地板的安装工艺如下。

（1）处理基层。

（2）涂抹胶黏剂。

（3）铺塑料地板。

（4）检查。

（5）镶边装饰。

（6）打蜡上光。

五、地毯　　　　　　　　　　　　　　　　　　　　FIVE

居住空间地面装饰材料中的地毯有纯毛地毯、化纤地毯、混纺地毯、橡胶地毯、剑麻地毯等。

1. 纯毛地毯

按照国家行业标准，羊毛含量超过90％的地毯都属于纯毛地毯。纯毛地毯手感好，弹性好，抗静电性能好，不易老化、褪色，但它的防虫性、耐菌性和耐潮湿性较差。纯毛地毯有较好的吸音能力，可以有效降低各种噪声。纯毛地毯的热传导性较差，热量不易散失。（图8-14）

图 8-14　纯毛地毯装饰效果

2. 化纤地毯

化纤地毯也称为合成纤维地毯，品种极多，其材料有尼龙（锦纶）、聚丙烯（丙纶）、聚丙烯腈（腈纶）、聚酯（涤纶）等。化纤地毯的外观和手感与纯毛地毯相似，耐磨且富有弹性，具有防虫蛀等特点，价格低于其他材质的地毯。（图8-15）

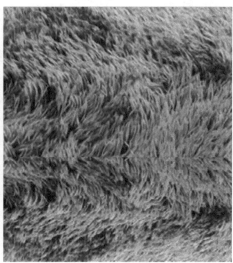

图 8-15　化纤地毯装饰效果

3. 混纺地毯

混纺地毯的耐磨性能比纯毛地毯好，同时克服了化纤地毯静电吸尘的缺点和纯毛地毯易腐蚀的缺点。混纺地毯价格适中，受到了许多消费者的青睐。

在选购混纺地毯时，可以直接把地毯平铺在光线充足的地方并观察，如果全毯颜色协调，染色均匀，构图完整，线条清晰，毯面平整，则说明该地毯质量较好，可以购买。（图8-16）

图 8-16　混纺地毯装饰效果

4. 橡胶地毯

橡胶地毯是采用天然橡胶或合成橡胶制成的地毯。它具有色彩鲜艳、弹性好、耐水、防滑、易清洗等特点，特别适用于卫生间、浴室、游泳池、轮船走道等。特制橡胶地毯广泛应用于配电室、计算机房等场所。（图8-17）

图 8-17　橡胶地毯装饰效果

5. 剑麻地毯

剑麻地毯是一种新型的地毯，是最近二三十年才出现的，其采用的材料有别于一般的地毯，它是采用天然物料加工而成的，很符合现代人对设计品位的追求。剑麻地毯的耐磨性比较好，环保性也比较好，不过剑麻地毯也有缺点，如硬度较大，人走在剑麻地毯上面，会觉得不太舒服。（图8-18）

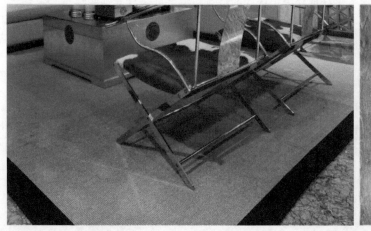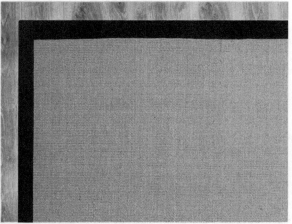

图 8-18　剑麻地毯装饰效果

六、地板漆 SIX

地板漆是运用于室内地面的涂料。地板漆饰面的特点是抗冲击、耐磨、防潮、防尘、耐一般的化学腐蚀。（图8-19）

地板漆的施工工艺如下。

（1）先将地面清洗干净，然后用熟桐油和汽油（质量比为1∶2.5）兑成涂料，并将涂料均匀地刷在地面上，以增强水泥地面与泥子的黏结性。

图8-19 地板漆装饰效果

（2）制作泥子。泥子有石膏泥子和血料泥子两种。石膏泥子采用石膏粉、熟桐油、松香水和水（质量比为16：5：1：6）制成。血料泥子采用猪血和大白粉（质量比为2：7）制成，为了增强耐磨性能和防水性能，可适当加一些熟桐油。

（3）将泥子搅拌均匀后，用铲刀将泥子刮到刷好涂料的地面上，刮2～3遍，直至刮平为止。

（4）待泥子干后，用砂纸将其磨光，然后刷地板漆。地板漆应刷得薄一些，避免起皱。刷完第一遍地板漆要等干透后，才能刷第二遍，待地板漆完全干后，打蜡上光。

第三节

墙面装饰材料的选择与运用

墙面装饰材料可以分为以下几类：①石材；②乳胶漆；③墙纸和墙布；④玻璃；⑤真石漆。

一、石材　　　　　　　　　　　　　　　　　ONE

居住空间的墙面经常采用石材来进行装饰，包括大理石、人造石材等。石材可以使人感到稳重、坚实，且富有力度。将大理石用于客厅，可以取得很好的效果，但是如果将其用于卧室，则会失去其魅力。在采用石材装饰居住空间的墙面时，要充分利用石材本身所具有的纹理，获得朴素、淡雅或高贵的装饰效果。（图8-20）

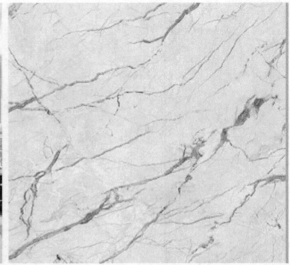

图 8-20　大理石墙面

二、乳胶漆　　　　　　　　　　　　　　　　　　　　　　TWO

　　色彩是表达情感的一种语言，它与人的情感和情绪有一定的关系。装饰材料的色彩是室内设计中最生动、最活跃的元素，具有非常重要的作用。居住空间的墙面经常用乳胶漆来进行装饰。乳胶漆色彩丰富，可以满足不同人的色彩喜好。（图8-21）

图 8-21　乳胶漆墙面

　　乳胶漆目前是居住空间设计中应用得最普遍的墙面装饰材料之一，它具有施工方便、遮盖力强、色彩丰富等优点。如果色彩搭配得当，可以为居住者提供温馨的居住环境。乳胶漆的施工方法有以下几种。

　　（1）刷涂，主要是用羊毛刷和排笔来刷涂，优点是刷痕均匀，缺点是容易掉毛，而且效率较低。

　　（2）滚涂，采用这种方法施工时，比较节省材料，但是边角地区不易刷到位，而且容易产生滚痕，影响美观。

　　（3）喷涂，分为有气喷涂和无气喷涂两种，需要借助于喷涂机来进行施工，优点是效率高，漆膜平滑，缺点是雾化严重，浪费材料。

三、墙纸和墙布 THREE

　　居住空间的墙面经常用墙纸、墙布来进行装饰，包括纸质墙纸、无纺布墙纸、织物墙纸、硅藻土墙纸、天然草编墙纸、日本和纸墙纸、云母片墙纸、金银箔墙纸、墙布等。

1. 纸质墙纸

　　纸质墙纸是以纸为基材，经印花、压花等工艺制成的，具有无异味、环保性好、透气性好等特点。纸质墙纸因为是纸质的，所以有非常好的上色效果，可以染各种鲜艳的颜色。（图8-22）

　　纸质墙纸分为两种。

　　（1）原生木浆纸：以原生木浆为原材料，经打浆、印花等工艺制成，韧性比较好，表面比较光滑。

　　（2）再生纸：以可回收物为原材料，经打浆、过滤、净化、印花等工艺制成，韧性较差。

 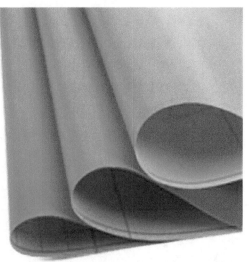

图 8-22　纸质墙纸装饰效果

　　施工时应注意以下几点。

　　（1）纸质墙纸比较脆弱，施工时应格外小心。

　　（2）施工前应修剪指甲，以免在墙纸上留下划痕。

　　（3）施工前应使墙纸保持平整、干净。

　　（4）不能用水清洗墙纸表面，若发现有污渍，应用海绵吸水后，拧去一部分水分，然后用湿海绵轻轻擦拭。

　　（5）纸质墙纸不能放在水中浸泡。

　　（6）若胶水粘到墙纸表面，应立即用海绵擦拭，若等胶水干后再擦拭，会破坏墙纸表面。

　　（7）与铺贴其他墙纸相比，铺贴纸质墙纸时，胶水应调得稀一些，以便于施工。

　　（8）纸质墙纸上胶后会膨胀，上墙干后接缝处容易收缩开裂。解决办法有两种：一种是在墙纸上墙后要干时，用湿海绵从中间开始向两边擦拭墙纸表面，接缝处留2~3 cm不擦拭；另一种是在接缝处涂强力胶。

2. 无纺布墙纸

　　无纺布墙纸是目前非常流行的一种新型绿色环保墙纸，用天然植物纤维制成，不含氯元素，完全燃烧时只产生二氧化碳和水，不产生黑烟和刺激性气味。无纺布墙纸具有视觉效果好、手感好、透气性好等特点。（图8-23）

　　无纺布墙纸表底一体，采用直接印花、套色的工艺制成，其图案比织物墙纸的图案更丰富。无纺布墙纸因为采用天然植物纤维制成，所以可能会有一点色差，这是正常现象，而非产品质量问题。

图 8-23　无纺布墙纸装饰效果

　　施工前，应仔细比较所有的墙纸，看是否存在较大色差，另外，每卷墙纸的最后一幅在上胶前还应与下一卷墙纸的第一幅进行比较，若发现问题，应及时联系供货商，千万不能等到全部墙纸上墙后才发现问题。施工时最好使用保护带，以防胶水溢出，污染墙纸表面。如果胶水不慎溢出，可用干净的海绵或毛巾吸干。如果用的是淀粉胶，可等胶完全干后用毛刷轻刷。

3. 织物墙纸

　　织物墙纸主要以麻、丝、绸、缎、呢等为原材料制成，视觉效果好，手感好。此类墙纸的价格比较昂贵。（图8-24）

图 8-24　织物墙纸装饰效果

　　施工时应注意以下几点。

　　（1）不同批号的织物墙纸可能存在较大色差，故订购织物墙纸时，应多订购1~2幅以供调整。施工前，应先检查墙纸的数量和施工所需数量是否相符，以避免产生不必要的麻烦。

　　（2）织物墙纸的接缝可能会比较明显，施工前应向客户说明，并且铺贴2~3幅后应和客户确认，客户认可后方可继续施工。

　　（3）因为织物墙纸的表面被污染后，污物不易清除，所以建议使用机器上胶，并使用保护带，以避免胶水溢出，污染墙纸表面。此外，也可以考虑采用墙面上胶的方法进行施工。

　　（4）上胶后应等一段时间后，再开始铺贴。

4. 硅藻土墙纸

硅藻土墙纸以硅藻土为原料制成，表面有许多小孔，具有除臭、隔热、抑制细菌生长等功能。以硅藻土墙纸作为墙面装饰材料，有助于净化室内空气，达到改善居住环境的效果，同时还可以使居住空间富有立体感和艺术感。（图8-25）

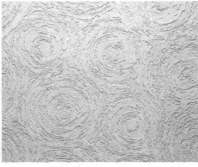

图 8-25　硅藻土墙纸装饰效果

5. 天然草编墙纸

天然草编墙纸是以草、麻、竹、藤、树皮等十几种天然材料为原材料，通过手工编织而成的高档墙纸。采用天然草编墙纸营造的居住空间是时尚和经典的完美结合，充分体现了现代人对绿色空间的追求。

纹理的不规则性和颜色的天然性，是天然草编墙纸的魅力之所在。天然草编墙纸还具有环保性好、透气性好、立体感强等优点，是实用型的高档墙纸，近年来比较流行。此类墙纸用于客厅的电视背景墙，以及儿童房、玄关和书房的局部墙面，可以取得很好的艺术效果和装饰效果。（图8-26）

图 8-26　天然草编墙纸装饰效果

施工时需要注意以下几点。

（1）使用黏性强的胶水，最好使用天然草编墙纸专用胶水。

（2）确保墙面平整，已涂清漆，并保证施工环境干净、无粉尘。

（3）上胶有两种方式。

① 机器施工：纸背上胶，边上用保护带封住，并于上墙前30分钟刷好胶水。

② 手工施工：纸背上胶，保证胶水的黏性，边上用保护带封住，使胶水不会溢出，并于上墙前30分钟刷好胶水。

（4）采用锋利的刀片裁缝，确保切缝不起皱，不起毛边。

（5）大面积的墙纸应用刮板用力刮平整，部分掉落的草丝不会影响整体效果。

（6）接缝处补上胶水后，应用专用软压轮轻压，并用干毛巾或海绵吸出小部分溢胶（尽量保证胶水不溢出）。

6. 日本和纸墙纸

和纸具有柔软、轻便等特点。它比一般的纸更结实、耐用。日本现存的最早的和纸距今有1300多年了，仍然保持着昔日的光泽，其耐用程度和强大的生命力令人叹为观止。

日本和纸墙纸表面色泽统一，不含任何有害物质，也不会因光照而变色。（图8-27）

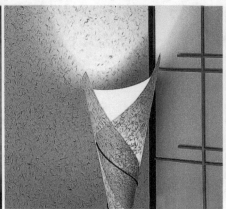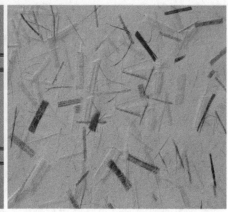

图 8-27 日本和纸墙纸装饰效果

7. 云母片墙纸

云母是一种层状的硅酸盐结晶，具有极好的电绝缘性、耐酸碱腐蚀性、弹性和韧性，并且表面具有光泽。正是因为云母具有以上特性，所以云母片墙纸是一种优良的环保型室内装饰材料，表面的光泽赋予了它高雅、华贵的特点。（图8-28）

图 8-28 云母片墙纸装饰效果

施工时应注意以下几点。

（1）不同批号的云母片墙纸可能存在较大色差，故订购云母片墙纸时，应多订购1~2幅以供调整。施工前，应先检查墙纸的数量和施工所需数量是否相符，以避免产生不必要的麻烦。

（2）云母片墙纸的接缝可能会比较明显，施工前要与客户沟通，并且铺贴2~3幅后应和客户确认，客户认可后方可继续施工。

（3）因为云母片墙纸的表面被污染后，污物不易清除，所以建议使用机器上胶，并使用保护带，以避免胶水溢出，污染墙纸表面。此外，也可以考虑采用墙面上胶的方法进行施工。

（4）铺贴后应用毛刷抚平，不得使用刮板，以免造成表面颗粒的脱落。

（5）裁缝时应使用锋利的刀片（最好使用进口刀片），注意及时更换刀片。

8. 金银箔墙纸

金银箔墙纸的颜色主要有金色和银色两种。此类墙纸的面层以金箔、银箔、仿金铜箔、仿银铝箔为主。金银箔墙纸具有性能稳定、不变色、价值较高、防火、防水等特点。（图8-29）

图 8-29　金银箔墙纸装饰效果

施工时应注意以下几点。

（1）金银箔墙纸表面的金箔或银箔可以导电，因此铺贴墙纸时要注意避开电源、开关等。

（2）因为胶水内含有水分，如果胶水溢出，即使擦干，也会使墙纸表面被氧化，所以应使用机器上胶，并使用保护带。此外，也可以考虑采用墙面上胶的方法进行施工。

（3）不能用湿布擦拭金银箔墙纸，以避免墙纸表面被氧化而变黑。实在不行，可用海绵轻轻擦拭，或用墙纸清洁剂擦拭。

（4）金银箔墙纸一般较薄，表面光滑，容易反光，导致墙面的细小颗粒很容易被看出来，因此，此类墙纸对墙面的要求较高，墙面光滑、平整是基本条件。

（5）接缝比较明显，施工前应向客户说明，并且铺贴2~3幅后应和客户确认，客户认可后方可继续施工。

（6）裁缝时应使用锋利的刀片（最好使用进口刀片），注意及时更换刀片。

9. 墙布

墙布是墙纸的升级产品，以丝、毛、麻等为原材料制成，其特点是面层较厚。墙布给人的感觉是结实、耐用。墙布不宜在卧室等供人休息的场所中使用，以免让人感到压抑、紧张。（图8-30）

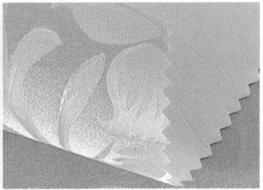

图 8-30　墙布装饰效果

四、玻璃

FOUR

墙面用的玻璃有镜面玻璃、磨砂玻璃、压花玻璃等。

1. 镜面玻璃

镜面玻璃又称为磨光玻璃，是用平板玻璃经过抛光后制成的玻璃，表面平整、光滑，且有光泽。透光率大于84%，厚度为4~6 mm。从镜面玻璃的正面可以看到对面的景物，而从镜面玻璃的背面是看不到对面的景物的。（图8-31）

图 8-31　镜面玻璃装饰效果

2. 磨砂玻璃

磨砂玻璃又称为毛玻璃、暗玻璃，是采用机械喷砂、手工研磨、氢氟酸溶蚀等方法将普通平板玻璃的表面处理成均匀的表面后制成的。

由于磨砂玻璃的表面可以使光线产生漫反射，所以它可以使室内的光线柔和而不刺眼。磨砂玻璃具有透光而不透视的特点，常用于需要隐蔽的卫生间、办公室的门窗和隔断，使用时一般使毛面朝向室内，但用作卫生间的门窗玻璃时，应该使毛面朝外。（图8-32）

图 8-32　磨砂玻璃装饰效果

3. 压花玻璃

压花玻璃又称为花纹玻璃，一般分为真空镀膜压花玻璃、彩色膜压花玻璃等。单面压花玻璃具有透光而不透视的特点，用作卫生间的门窗玻璃时应注意使压花面朝外。（图8-33）

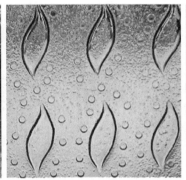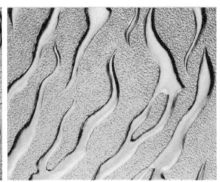

图 8-33　压花玻璃装饰效果

压花玻璃的制作方法分为单辊法和双辊法。

（1）单辊法：将玻璃液浇注到压延成型台上，台面用铸铁或铸钢制成，台面或轧辊表面有花纹，轧辊在玻璃液面上碾压，制成的压花玻璃再被送入退火窑。

（2）双辊法：玻璃液通过水冷的一对轧辊，随辊子转动被拉引至退火窑，一般下辊表面有花纹，上辊是抛光辊，从而制成单面有图案的压花玻璃。

五、真石漆 FIVE

真石漆是一种装饰效果酷似大理石、花岗岩的涂料，主要采用各种颜色的天然石粉配制而成，可用于建筑物外墙、客厅墙面等。（图8-34）

用真石漆装修的建筑物，可以给人一种高雅、庄重的感觉。真石漆具有防火、防水、耐酸碱腐蚀、耐污染、无毒、无味、不容易褪色等特点，能有效地阻止恶劣环境对建筑物的侵蚀，延长建筑物的寿命。由于真石漆具有良好的耐冻融性，因此适合在寒冷地区使用。

图 8-34　真石漆墙面

第四节

吊顶装饰材料的
选择与运用

吊顶装饰材料可分为以下几类：①木质吊顶材料；②金属吊顶材料；③塑料吊顶材料；④矿物装饰板；⑤乳胶漆；⑥顶面装饰线条。

一、木质吊顶材料　　　　　　　　　　　　　　　　　　　　　　ONE

木质吊顶材料包括实木龙骨、木芯板、装饰面板、胶合板、木质装饰板等。

1. 实木龙骨

实木龙骨是家庭装修中最常用的骨架材料，广泛地应用于吊顶、隔墙、实木地板骨架制作中。实木龙骨是用松木、椴木、杉木等木材经过烘干、刨光后加工成的截面为长方形或正方形的木条。（图8-35）

图 8-35　实木龙骨吊顶

2. 木芯板

木芯板是在两片单板之间拼接木板后形成的。木芯板两面的单板的总厚度不得小于3 mm。中间的木板是用优质的天然木板经过热处理（在烘干室内烘干）以后，加工成一定规格的木条，再用拼板机拼接而成的。拼接后的木板两面分别覆盖优质单板，再经过胶压等工艺，即可制成木芯板。（图8-36）

3. 装饰面板

装饰面板是将实木板刨切成厚度为0.2 mm左右的薄木片，再以夹板为基材，经过胶合工艺制作成的具有装饰作用的板材。（图8-37）

图 8-36　木芯板

图 8-37　装饰面板

4. 胶合板

胶合板是将木方刨切成薄木板，再用胶黏剂胶合而成的三层或多层的板状材料，通常采用奇数层单板，并使相邻单板的纤维方向互相垂直。常用的胶合板有三合板、五合板等。胶合板能提高木材的利用率，是节约木材的主要途径。（图8-38）

图 8-38　胶合板

胶合板的规格通常为1 220 mm×2 440 mm，厚度一般有3 mm、5 mm、9 mm、12 mm、15 mm、18 mm等。

5. 木质装饰板

木质装饰板是采用先进的胶合工艺，将用天然树种装饰单板或人造木质装饰单板制成的薄木片贴在基材上，经过热压等工艺制成的一种装饰板材。（图8-39）

图 8-39　木质装饰板

二、金属吊顶材料 　　　　　　　　　　　　　TWO

金属吊顶材料主要有轻钢龙骨、铝扣板等。

1. 轻钢龙骨

轻钢龙骨是一种新型的建筑材料。随着我国现代化建设事业的不断发展，轻钢龙骨已广泛应用于宾馆、候机楼、车站、游乐场、商场、工厂、办公楼、住宅等场所。（图8-40）

图 8-40　轻钢龙骨吊顶

轻钢龙骨吊顶具有重量轻、强度高、防水、防尘、隔音等特点，同时还具有工期短、施工方便等优点。

2. 铝扣板

铝扣板是以铝合金板材为基材，通过开料、剪角、模压成型得到的。铝扣板表面使用不同的涂层可以得到不同的铝扣板产品。铝扣板主要有两种类型，一种是家装集成铝扣板，另一种是工程铝扣板。家装集成铝扣板最开始主要以滚涂和磨砂两大系列为主。随着技术的不断发展，各种不同的加工工艺都运用到家装集成铝扣板的生产中，热转印、釉面、油墨印花等系列的家装集成铝扣板近年来深受消费者的喜爱。工程铝扣板的表面比较简单，颜色以纯色为主。选购工程铝扣板最主要是看涂层，涂层的使用寿命达到最大化才能保障消费者的利益。（图8-41）

图 8-41　铝扣板吊顶

三、塑料吊顶材料　　　　　　　　　　　　　THREE

1. PVC扣板

PVC扣板是以聚氯乙烯树脂为基料，加入一定量的抗老化剂、改性剂等助剂，经混炼、压延、真空吸塑等工艺制成的。

PVC扣板具有重量轻、隔热、保温、不易燃烧、易清洁、易安装、价格低等优点，特别适合于用作厨房、卫生间的吊顶装饰材料。（图8-42）

图 8-42　PVC 扣板吊顶

2. 亚克力板

亚克力板由甲基丙烯酸甲酯单体聚合而成。亚克力板耐酸碱性能好，透光性好，维护方便，易清洁，是一种很好的吊顶装饰材料。（图8-43）

图8-43　亚克力板吊顶

四、矿物装饰板　　　　　　　　　　　　　　　　　FOUR

矿物装饰板包括石膏板、矿棉吸音板等。

1. 石膏板

石膏板是以石膏为主要材料，加入纤维、黏结剂、改性剂等，经混炼、压制、干燥等工艺制成的，具有防火、隔音、隔热、收缩率小、稳定性好、不易老化、防虫蛀等特点，可用钉、锯、刨、粘等方法进行施工。石膏板分为纸面石膏板、纤维石膏板等。石膏板是目前应用得非常广泛的一种吊顶装饰材料。石膏板具有良好的装饰效果，价格比其他吊顶装饰材料低廉。（图8-44）

图8-44　石膏板吊顶

2. 矿棉吸音板

矿棉吸音板最早出现在19世纪的美国，真正大规模生产矿棉吸音板开始于20世纪五六十年代的美国和日本。20世纪50年代中期，日本、美国等国家出台了关于防火及限制噪声的法规，促进了该产品的发展。1966年，日本颁布了关于岩棉吸声材料的国家标准，标志着矿棉吸音板的生产技术已日趋成熟。（图8-45）

吊顶市场的竞争比较激烈，矿棉吸音板、石膏板、铝扣板、PVC扣板等都可以用作吊顶装饰材料。与以上吊顶装饰材料相比，矿棉吸音板具有以下优势。

（1）装饰效果好。矿棉吸音板有丰富多彩的平面图案和浮雕立体造型，既有古典美，又富有时尚气息，让人耳目一新。

（2）隔热性能好。矿棉吸音板的导热系数很低，是良好的隔热材料，可以使室内冬暖夏凉。

（3）吸音降噪。矿棉吸音板的主要原材料为超细矿棉纤维，因此，矿棉吸音板具有丰富的微孔，能有效地吸收声波，减少声波反射，从而改善室内声环境，降低噪声。

图 8-45　矿棉吸音板

（4）防火性能好。由于矿棉是无机材料，不会燃烧，所以矿棉吸音板具有很好的防火性能。

（5）净化空气，调节空气湿度。矿棉吸音板中不含有对人体有害的物质，并且它含有的活性基团可以吸收空气中的有害气体，它的微孔结构也有利于吸收和释放水分子，因此，矿棉吸音板可以净化空气，调节室内空气的湿度。

（6）绝缘性能好。矿棉吸音板的主要成分为矿棉和淀粉，均为绝缘物质，因此，矿棉吸音板具有较好的绝缘性能。

（7）裁切方便，便于装修。矿棉吸音板可锯、可钉、可刨、可粘，并且可以用一般的墙纸刀进行裁切，因此，裁切时不会产生噪声。矿棉吸音板有平贴、插贴、明架、暗架等多种吊装方式，居住者可以发挥自己的想象力，自己动手进行装修，这也符合现代人乐于自己动手装饰自己的居住空间的潮流。

五、乳胶漆　　　　　　　　　　　　　　　　　　　　　FIVE

乳胶漆产生于20世纪70年代中后期。在我国，人们习惯上把以合成树脂乳液为基料，以水为分散介质，加入颜料、填料和助剂，经一定工艺制成的涂料称为乳胶漆。乳胶漆具有许多优点，如易于涂刷、干燥迅速、漆膜耐水、耐擦洗性好等。（图8-46）

图 8-46　乳胶漆吊顶

六、顶面装饰线条　　　　　　　　　　　　　　　　　　　　**SIX**

1. 木线条

木线条在我国有很多品种。木线条是选用耐磨、耐腐蚀、切面光滑、加工性能良好、钉着力强的木材，经过干燥处理后，通过机械加工或手工加工制成的。（图8-47）

图 8-47　木线条装饰效果

随着经济的不断发展，人们对生活品质的要求越来越高，木线条装饰越来越受到人们的重视。

1）木线条安装施工准备

收口施工前，应准备好收口木线条，并对木线条进行挑选。挑选木线条时，要注意以下几点。

（1）对于木线条中扭曲、腐朽的部分应当剔除。

（2）木线条的色泽应当一致，厚度应当相同。

（3）木线条表面应光滑无坑，无破损现象。

除此之外，还要检查收口对缝处的基面固定得是否牢固，对缝处是否有凹凸不平的现象，若不符合要求，应查明原因，并进行加固和修整。

2）木线条安装施工

（1）木线条的固定。

条件允许时，应尽量采用胶粘法固定。如果需要采用钉接的方法固定，最好使用射钉枪，钉接时不允许露出钉头。

（2）木线条的拼接。

拼接木线条时，可采用直拼法或角拼法。

2. 塑料线条

塑料线条具有重量轻、施工简便等特点，同时还具有隔热、保温、防潮、阻燃等性能。塑料线条规格、色彩、图案繁多，非常具有装饰性，可用作居室的吊顶装饰材料。塑料线条是应用最广泛的塑料类装饰材料之一。（图8-48）

图 8-48　塑料线条装饰效果

3. 金属线条

金属线条装饰效果如图8-49所示。

图 8-49　金属线条装饰效果

1）铝合金线条

铝合金线条是在纯铝中加入锰、镁等合金元素后挤压而成的条状型材。

（1）特点。

铝合金线条具有重量轻、强度高、耐腐蚀、耐磨、硬度大等特点。其表面有金属光泽，耐光性能良好，其表面涂刷电泳漆后，会显得更加美观。

（2）用途。

铝合金线条可用作广告牌、灯光箱、指示牌的边框，也可用作家具的收边装饰线、玻璃门的推拉槽、地毯的收口线等。

2）铜线条

（1）特点。

铜线条是用黄铜制成的，强度高，耐磨性好，不易锈蚀，经过加工后表面有金属光泽。

（2）用途。

铜线条可用作楼梯踏步的防滑线、地毯的压角线、装饰柱及高档家具的装饰线等。

3）不锈钢线条

（1）特点。

不锈钢线条具有强度高、耐腐蚀、表面光洁、耐气候变化等特点。不锈钢线条具有很好的装饰效果，属于高档装饰材料。

（2）用途。

不锈钢线条可用作各种装饰面的压边线、收口线、压角线等。

4）金属线条安装施工准备

收口施工前，应准备好收口金属线条，并对金属线条进行挑选。金属线条表面应无划痕，尺寸应准确。除此之外，还要检查收口对缝处的基面固定得是否牢固，对缝处是否有凹凸不平的现象，若不符合要求，应查明原因，并进行加固和修整。

5）金属线条安装施工

安装不锈钢线条收口线的方法如下。

① 用钉子在收口位置固定一块木衬条。

② 在木衬条上涂环氧树脂，并在不锈钢线条槽内涂环氧树脂，再将不锈钢线条卡在木衬条上。

不锈钢线条的表面一般都有一层塑料胶带，该塑料胶带应在施工完毕后再从不锈钢线条上撕下来。

6）金属线条安装施工注意事项

截断不锈钢线条和铜线条时，不能使用砂轮切割机，以防不锈钢线条和铜线条受热后变色。拼接面应用什锦锉锉平。

4. 石膏线条

石膏线条是石膏制品的一种。石膏线条是将石膏粉和水混合后倒入模具中并加入纤维制成的。石膏线条实用、美观、价格低廉，具有防火、防潮、保温、隔音、隔热等性能，并且具有很好的装饰效果。（图8-50）

图 8-50 石膏线条装饰效果

思考题

1. 居住空间中常用的吊顶装饰材料有哪些？

2. 居住空间中常用的地面装饰材料有哪些？

第九章

居住空间庭院、阳台与露台设计

R ESIDENTIAL

I NTERIOR

D ESIGN AND

L ANDSCAPE

L DESIGN

第一节

庭院设计 《《《

人们经常会在庭院中活动，因此，设计居住空间的庭院时应结合人体工程学与环境心理学，综合考虑人在审美、休闲、安全与自我实现等方面的需求。住宅庭院作为一种外部空间，除了要具有实用性和私密性外，还应具有归属感和领域感。

一、庭院的分类 ONE

1. 中式庭院

中式庭院设计深受传统哲学和绘画艺术的影响，甚至有"绘画乃造园之母"的理论。中式庭院有三个分支：北方四合院的庭院、江南园林、岭南园林。其中，江南园林成就最高，数量也最多。中式庭院注重寓情于景，情景交融，寓义于物，以物比德，人们把庭院中的自然景物看作品德美、精神美和人格美的象征。

最具有代表性的中式庭院是无锡寄畅园和苏州拙政园（见图9-1）。这两个庭院注重文化积淀，讲究气韵，追求诗情画意和质朴的自然景观，在空间构图上以曲线为主，讲究曲径通幽。

图 9-1 无锡寄畅园和苏州拙政园

2. 日式庭院

日式庭院是由中式庭院发展而来的。日式庭院设计虽然在早期受中国园林的影响，但在长期的发展过程中已经形成了自己的特色。日式庭院一般可分为枯山水（见图9-2）、池泉园、筑山庭、平庭、茶庭等。日式庭院处处体现出人与自然的和谐，反映出东方人独特的情怀——追求自然、纯真，向往超凡脱俗。

日式庭院小巧而精致，抽象而深邃，大者不过一亩，小者仅几平方米，日式庭院就是用这种极少的构成要素达到极大的意韵效果。

图9-2　枯山水

3. 欧式庭院

欧式庭院起源于古罗马时代，一般为规则式的古典庭院。欧式庭院可以分为意大利式台地院、法式水景院、英式自然院等（见图9-3）。在意大利式台地院中，通常在中轴线上设置雕塑或花坛，少有水景。法式水景院常将圆形或长方形的大池塘设置在中轴线上，池塘两边设置平直的窄路。英国人喜欢自然的树丛和草地，在设计庭院时非常讲究借景，同时注重花卉的形、色、味和花期，出现了以花卉配置为主的充满自然气息的庭院设计。

图9-3　意大利埃斯特别墅庭院、法国凡尔赛宫御花园及英国沃勒顿庄园庭院

二、庭院空间布局　　　　　　　　　　　　　　　　　　　　TWO

庭院空间布局是庭院设计的重要环节。只有拥有了便利的空间流线，才能提升庭院的品质。庭院设计不能只停留在局部景观的设置上，更重要的是要营造让人放松并具有归属感的居住环境。

目前，国内庭院的设计主要是针对别墅，庭院面积小则一两百平方米，大则五百平方米以上，这样的尺度给了庭院设计一个很大的发展空间。根据人的活动性质的不同，可以将庭院空间分为运动空间和停滞空间。（图9-4）

1. 运动空间

运动空间主要是供人们散步、晨练等。该空间应当开阔、平坦、无障碍物，并且具有亲和力。设计运动空间时，可利用明亮、温暖的色彩来营造愉快的氛围。

2. 停滞空间

停滞空间主要是供人们静坐、观赏、读书、等候、交谈等。该空间应当相对封闭，可设置桌、椅等休闲用品，同时还可以配置有趣的建筑小品。

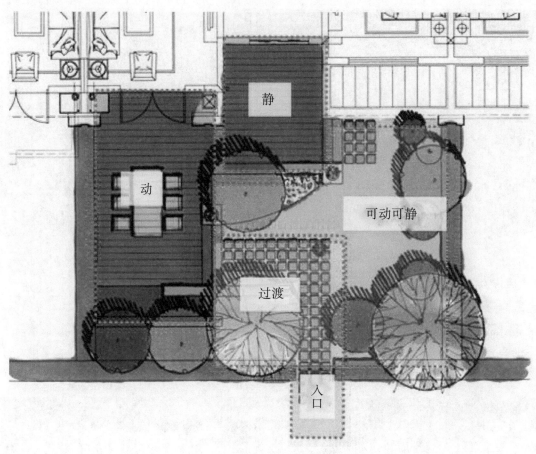

图 9-4 庭院空间功能分区平面图

三、庭院入口设计 THREE

住宅庭院的入口可以设计得巧妙、有趣。入口并不一定是具象的门，它可以是一个能唤起人们对住宅风格特色的意识的标志。入口一般设计在庭院外墙正中，也可偏离这个位置，入口的位置决定着住宅内部的交通形式与庭院的布置方式。入口的立面形式可模仿建筑的大门，也可借用建筑或庭院中的象征符号。不同的设计会使得入口的边界感或实或虚，或明或暗，或现或隐。（图9-5）

图 9-5 不同风格住宅的庭院入口

四、庭院景观小品 FOUR

住宅庭院中的景观小品一般可以分为两大类：装饰性小品和功能性小品。

1. 装饰性小品

1）雕塑小品

雕塑小品主要起装饰作用，属于观赏性小品。庭院里的雕塑小品包括假山、艺术雕塑等。设计庭院中的雕塑小品时，应根据庭院面积确定雕塑小品的尺度，并使雕塑小品与庭院中的植物、水等融为一体，相得益彰。为了体现住宅独特的风格，增强景观的连续性，雕塑小品应从不同的角度来表现统一的题材。另外，雕塑小品作为庭院景观的点缀，不需要华丽、气派，而应关注生活气息的渲染。（图9-6和图9-7）

图 9-6　庭院中带有浪漫气息的小鸟雕塑　　　　图 9-7　庭院角落的趣味雕塑

2）水景小品

水是大自然中最壮观、最活泼的因素，它的风韵、气势及流动的声音可以给人以美的享受。在庭院空间中可以用水构成优美的景观，或动或静，营造舒适的居住环境。在庭院中布置小桥流水，设置喷泉、水池，可形成观赏的焦点，在展示庭院空间层次与序列的同时也达到了情景交融的效果。（图9-8）

图 9-8　庭院中利用石材设计的水景小品

2. 功能性小品

1）休憩类小品

休憩类小品包括各种造型的休息椅、坐凳、圆桌等。在空间允许的情况下也可以在庭院中设置小巧而别致的亭、台、楼、阁等，形成庭院中的休息区。这些休憩类小品不仅要满足人基本的生理要求，还要能使人的身心得到放松。（图9-9和图9-10）

图 9-9　庭院中的休息区

图 9-10　庭院中的休闲吊床

2）娱乐类小品

娱乐类小品主要包括各种健身及娱乐设施，如游泳池、蹦床等。这些设施能够让居住者在紧张的学习、工作之余得到适当的放松。另外，有些庭院中还配置了厨房设施，如烧烤架、煤气灶等，用于举办小型聚会、烧烤等。（图9-11和图9-12）

图 9-11　庭院中的蹦床

图 9-12　庭院中的游泳池

3）照明类小品

照明类小品在住宅庭院中是必不可少的，包括各种造型的园艺灯、地灯、结合照明系统的喷泉、火炉等。无论是灯的基座、灯柱的立面，还是发光的灯头等，都可以通过色彩、质感、形态等方面的变化来展现不同的风格。（图9-13）

图 9-13　庭院及照明类小品

五、庭院植物配置 FIVE

　　住宅庭院中的植物是人们将家与自然联系起来的关键。庭院绿地是居民在居住区域中的休闲场所，设计时应强调开放性与外向性。根据庭院空间布局的不同，庭院中的植物可自由布局，也可以根据规则图形布局。利用植物造景时，可使用自然形和几何形进行构图。绿化还可与庭院中的各种景观小品进行组合，庭院空间中的运动区域和休闲区域也可利用绿化围合、隔离。在比较开敞的区域，应降低绿化的高度，使空间连续；在比较封闭的区域，可利用花架与树冠等作为空间的水平界面，形成具有一定的私密性的空间。（图9-14）

图 9-14　几何式绿化设计及自然式绿化设计

六、庭院地面铺装　　　　　　　　　　　　　　　　　　SIX

　　根据住宅庭院功能分区的不同，可以在不同的功能空间中采用不同的材料铺装地面。例如：在儿童运动的区域，可采用软木铺装地面；园路的地面可以采用防滑砖进行铺装；辅助小路的地面则可以采用鹅卵石进行铺装。此外，采用不同的材料混搭铺装地面也可以使庭院非常具有趣味性。（图9-15）

图 9-15　草皮铺装效果

七、庭院色彩搭配　　　　　　　　　　　　　　　　　　SEVEN

　　色彩是一种语言，不同的色彩会使人产生不同的感觉，暖色系让人感觉容易亲近，冷色系则会让人觉得有距离感。在庭院设计中，采用类似色可以使空间变得统一，采用对比色则会使空间产生变化。人在庭院中与大自然的互动是色彩搭配的关键，因此，在设计庭院时需要了解不同植物的树干、树叶的颜色随季节的变化情况，同时还需要了解居住者的性格和色彩喜好。

八、庭院光影效果　　　　　　　　　　　　　　　　　　EIGHT

　　运用光影变化的规律，巧妙地布置庭院，可以使庭院空间更加具有层次感。花架被浓密的花卉覆盖，花架内部空间幽暗，射进几束阳光，能让人产生梦幻的感觉。白色墙面反光强烈，使其围合空间更加明亮，若在周围密植绿树，则可以使光线变得柔和、深沉。

第二节

阳台设计　◀◀◀

　　随着城市化进程的加快，人们对居住环境的要求越来越高。科学、合理地设计阳台，不仅可以发挥其生态价值，也能引起人们对阳台植物的重视和喜爱，提高人们改善居住小环境的意识，从而发挥阳台对人类健康的作用。阳台植物可以有效地改善太阳辐射，夏天具有隔热、增湿的效果，冬天具有保暖的功效。在阳台设计中充分发挥绿色植物的生态功能，可以大大改善人们的居住环境。

一、阳台的作用　　　　　　　　　　　　　　　　　　　　　　ONE

　　居住空间中的阳台是指有永久性上盖、围护结构和台面，并且与房屋相连的可以供人们进行各种活动的房屋附属设施。阳台根据其封闭情况可以分为非封闭式阳台和封闭式阳台；根据阳台与墙体的关系可以分为凹阳台和凸阳台。

　　不同的居住者有不同的生活需求，因此，阳台的设计具有多样性。追求生活质量的人，可能会将阳台设计成空中花园，使其成为可供品茶、阅读的休闲场所。有的居住者由于套内空间不足，会将阳台改建成具有实用性的空间，如改建为洗衣间、厨房，甚至小卧室等。

　　在现代住宅设计中，阳台还有一个十分重要的作用，那就是作为建筑立面的一个造型单元。当前住宅设计崇尚以人为本，造型各异的阳台在建筑立面中起到了画龙点睛的作用。古色古香的锻铁花饰栏杆阳台，以及现代、时尚的玻璃阳台和不锈钢栏杆阳台，都对丰富建筑立面造型起到了非常重要的作用。

二、阳台的分类　　　　　　　　　　　　　　　　　　　　　　TWO

1. 生活阳台

　　生活阳台通常与客厅或主卧室相连。大部分生活阳台朝南设置，面积也比较大。它的主要功能是供人们养花、休闲等。通向生活阳台的门一般采用较宽的落地推拉门，同时兼顾门和窗的功能要求，避免客厅或主卧室采光不足。生活阳台地面的装饰材料可选择与客厅地面相同的装饰材料，如木地板、地砖等，也可选择鹅卵石。（图9-16至图9-18）

图 9-16　生活阳台用于养花等

图9-17　生活阳台休闲区

图9-18　生活阳台上的植物窗帘

2. 工作阳台

工作阳台也称为服务阳台，一般与厨房相连。工作阳台的主要功能是供人们洗衣服、晒衣服、摆放杂物等。工作阳台地面的装饰材料一般选择防滑地砖。在设计工作阳台时还要考虑照明的需求，保证人们在夜间洗衣服时能有足够的照度。

3. 入户阳台

入户阳台是在入户门与客厅门之间设置的一个类似于玄关的阳台。入户阳台可以使客厅不与外部空间直接相连，从而增加居住空间的私密性，同时也可供人们换鞋、更衣等。入户阳台上一般设计有较多的储物柜。

三、阳台植物配置　　　　　　　　　　　　　　THREE

图9-19　绣球花

阳台上的植物可以根据阳台的朝向进行配置。南向阳台可以种植喜阳植物，北向阳台可以种植喜阴植物。花草爱好者可以将阳台的一角设计成花草展示区，也可以用花盆架种植植物，这样可以节约空间。无论是观叶植物，还是观花植物，都可以使小小的阳台充满生机。有些人还会在阳台上种植药用植物，如三七、石斛等，将阳台与养生相结合。为了夏日遮阳，还可以在阳台上种植牵牛花、金银花等，植物攀缘而上，形成绿色屏障，可以降低室内的温度。万年青、君子兰、绣球花等耐阴植物适合在北向阳台上种植，可以使阳台显得清新、宁静。（图9-19）

武汉地区适合在南向阳台上种植的植物如表9–1至表9–3所示。

表 9–1　武汉地区适合在南向阳台上种植的常绿灌木

植 物 名 称	拉 丁 名	株高/cm	花 期	生物学特性	观赏部位	花 色
含笑花	*Michelia figo*（Lour.）Spreng.	200~300	3~5月	常绿灌木	花	淡黄色
栀子花	*Gardenia jasminoides*	30~300	5~7月	常绿灌木	花	白色
金边六月雪	*Serissa foetida*	60~100	6~7月	常绿灌木	花	紫色

表 9–2　武汉地区适合在南向阳台上种植的草本植物

植 物 名 称	拉 丁 名	株高/cm	花 期	生物学特性	观赏部位	花 色
葱兰	*Zephyranthes candida*	20~30	秋季	多年生草本	花	白色
薄荷	*Mentha haplocalyx* Briq.	30~60	7~9月	多年生草本	花	淡紫色
太阳花	*Portulaca grandiflora*	10~30	6~7月	一年生草本	花	黄色、红色
德国鸢尾	*Iris germanica*	30~40	5~6月	多年生草本	花	白色、紫色
驱蚊草	*Pelargonium graveolens*	80~90	5~7月	多年生草本	花	粉红色

表 9–3　武汉地区适合在南向阳台上种植的香花植物

植 物 类 别	植 物 名 称	拉 丁 名
草本植物	茴香	*Foeniculum vulgare*
	薰衣草	*Lavandula angustifolia*
	百合	*Lilium brownii* var. *viridulum* Baker
	紫娇花	*Tulbaghia violacea*
木本植物	含笑花	*Michelia figo*（Lour.）Spreng.
	结香	*Edgeworthia chrysantha* Lindl.
	米兰	*Aglaia odorata*
	蜡梅	*Chimonanthus praecox*（Linn.）Link
藤本植物	络石	*Trachelospermum jasminoides*
	忍冬	*Lonicera japonica* Thunb.

第三节

露台设计 ◀◀◀

　　露台，也称为屋顶花园，它已成为现代居住空间的重要组成部分。城市中越来越多的人开始利用露台种植蔬菜、果树、花卉，如图9–20所示。露台与阳台的区别是：露台的面积比较大；露台的顶上没有遮盖物。露台的空间设计具有多样性。

一、露台的作用　　　　　　　　　　　　　　　　　　ONE

1.增加城市绿化面积，改善生态环境

随着城市人口的不断增长，建筑密度越来越大，在土地面积有限的情况下，通过对屋顶绿化进行有效的设计，可以增加城市绿化面积，改善生态环境。

2.美化环境，调节心理

人看到绿色植物时会感到心情舒畅。在露台中种植绿色植物可以弱化灰色混凝土、黑色沥青和各类墙面所带来的压抑感，为城市增添亮丽的风景线，为人们提供舒适的生活环境。

3.调节室内温度，改善室内环境

露台上种植的各种花草树木可以起到冬季保温、夏季隔热的作用，从而改善室内环境。

4.延长屋顶防水层的寿命

夏季阳光暴晒，冬季冰雪侵蚀，易造成屋顶漏水。如果在屋顶上种植植物，可以使屋顶防水层处于土壤和植物之下，从而延长防水层的寿命。

图9-20　露台

二、露台植物配置及空间布局　　　　　　　　　　　　TWO

由于屋顶位于高处，四周空旷，导致屋顶的风速比地面大，水分蒸发也较快，因此，露台的种植条件比地面差，在植物选择上有一定的局限性。另外，由于屋顶的承重能力有限，所以在露台中不可设置大规模的水景。

露台平面布局的设计手法与庭院大致相同，但也有特殊之处。设计露台时，必须综合考虑屋顶的承重能力、使用功能、生态效应及艺术效果，可充分发挥地势高的优势，运用园林小品等造园要素，借鉴传统园林设计中的借景、组景、点景、障景等基本技法，设计出有品位、有个性的屋顶花园。

露台空间布局的难点在于突破空间的局限性。屋顶的形状通常为长方形，非常规整，缺乏变化，在这样规则的空间中设计出具有特色的屋顶花园是非常具有挑战性的。常用的技法有转移注意力、园中园、利用对角线等。

屋顶的技术条件也比较有限，防水、防漏是关键。屋顶花园的屋面长时间处于有水的状态，对防水层的要求很高。一方面，要选择耐久性、耐腐蚀性、抗渗性及耐穿刺性较好的防水卷材，另一方面，施工时要精心操作，对于关键部位，要采取合适的方法进行处理。

1. 坡屋顶绿化

人们在坡屋顶上停留非常不方便，因此，可以在坡屋顶上种植一些适应性强、栽培管理粗放的藤本植物，如葛藤、爬山虎、南瓜、葫芦等。在欧美国家，人们通常会在住宅坡屋顶上种植草皮，形成绿茵茵的"草房"，或者将不同的植物搭配种植在坡屋顶上，形成美丽的屋顶花园。（图9-21）

图 9-21　美国加利福尼亚卡梅尔屋顶花园和俄勒冈州花园的绿屋顶

日本建筑师藤森照信设计了非常有名的东京韭菜住宅，坡屋顶上种植了许多韭菜。对于住宅来说，这样的坡屋顶设计，既美观、有趣，也具有一定的实用价值。（图9-22）

图 9-22　东京韭菜住宅的坡屋顶

2. 平屋顶绿化

平屋顶在现代建筑中较为普遍。在平屋顶上，除了可以种植景观植物外，还可以种植蔬菜、药用植物等，甚至可以养鱼。

　　曾经，当人们打开伦敦旧式排房的窗户时，看到的是破旧的香肠工厂，如今人们看到的是野花盛开的草坪。这是建筑师贾斯丁·比尔新家的屋顶。美国曼哈顿公寓的屋顶设计更加复杂，翠绿的屋顶可以储存雨水，减少径流，这也有利于纽约城的环保，因为纽约城的哈德逊河在倾盆大雨后经常会被从下水道中溢出的污水污染。（图9-23）

图 9-23　伦敦旧式排房屋顶花园和曼哈顿公寓屋顶花园

思考题

1. 庭院中一般可以设置哪些休闲空间？

2. 配置阳台植物时需要注意哪些问题？

第十章
居住空间室内外环境设计学生作品分析......

R ESIDENTIAL

I NTERIOR

D ESIGN AND

L ANDSCAPE

L DESIGN

◀ ◀ ◀ ◀

◀ ◀ ◀ ◀

本章中收集了华中科技大学设计学系本科二年级学生的住宅室内设计课程作业。住宅室内设计课程设置在本科二年级上学期，共56学时。授课过程包括以下几个环节：教师讲授住宅设计理论；学生作业辅导及讨论；学生绘制图纸；教师对学生的作业进行评价。这里对22位学生的设计作品进行了分析。

作品分析(一)   ONE

郑朝曦设计的是新中式风格的别墅，共有三层。该同学在设计过程中能根据家庭成员的结构、年龄、性别、职业、爱好等，合理地划分空间，并对家庭团聚与会客空间、餐饮空间、休息空间、学习空间，以及其他功能空间进行合理的布局。该同学在绘图过程中，用笔有变化，色彩协调，但在平面图、立面图的绘制中还存在不够规范的地方，这是以后需要注意的。（图10-1和图10-2）

图 10-1　新中式风格客厅效果图（郑朝曦）

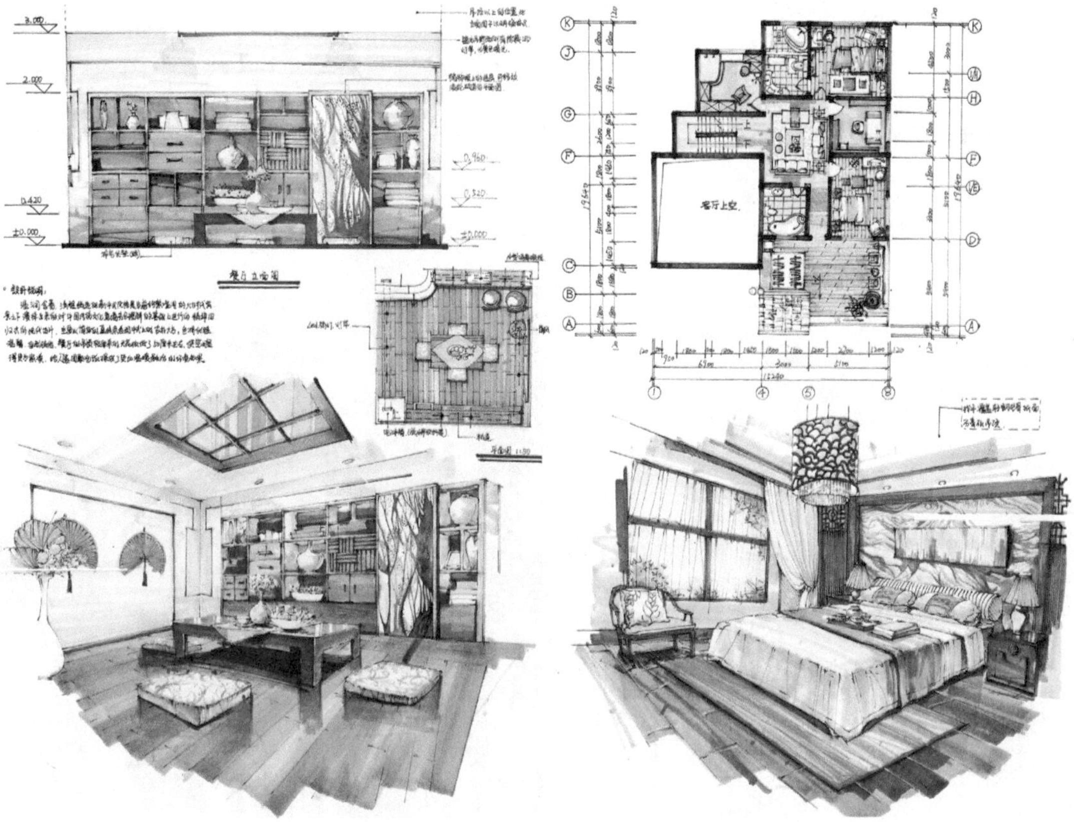

图 10-2　新中式风格餐厅、卧室效果图（郑朝曦）

作品分析(二) TWO

　　杨锦艺设计的是具有东南亚地域特色的别墅。该同学通过材料选择、色彩搭配、植物配置等将设计风格贯穿于整个别墅空间中，平面布局合理，流线清晰。庭院设计非常具有特色，将植物、水景、玻璃房等纳入居住空间中。该作品较好地表达出了设计思路，特色比较鲜明。（图10-3）

图 10-3　庭院、玻璃房效果图（杨锦艺）

作品分析（三）　　　　　　　　　　　　　　　　　　　　　　**THREE**

　　苏佳璐设计的是日式风格的别墅。该同学能通过自己的理解将收集到的日式风格的设计元素运用到整个别墅空间的设计中，功能分区比较合理。（图10-4和图10-5）

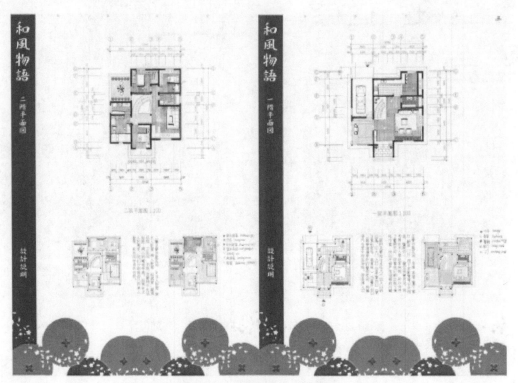

图10-4　别墅平面图（苏佳璐）

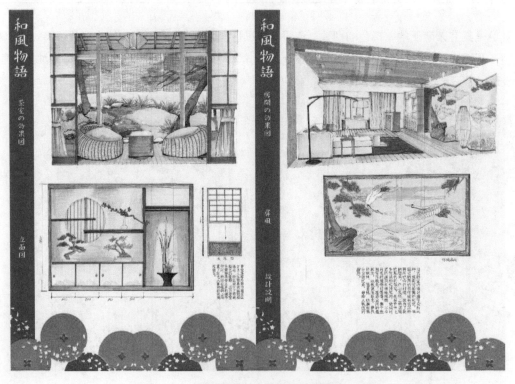

图10-5　日式风格茶室、起居室效果图（苏佳璐）

作品分析(四)   FOUR

　　涂瑶设计的是异域风格的别墅，这种风格体现在别墅的各个功能空间中。该同学对居住者有准确的定位，在设计中能很好地展现居住者的个性特点。别墅分为三层，空间布局合理，交通流线组织合理，这些都体现出该同学清晰的设计思路。材料的选用以及陈设品的设计也非常具有特色。（图10-6至图10-9）

图 10-6　作品封面及主人信息（涂瑶）

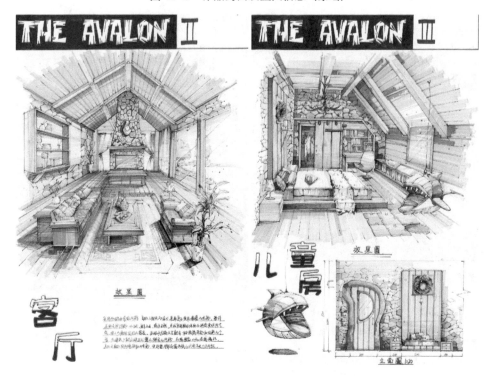

图 10-7　客厅效果图及儿童房效果图（涂瑶）

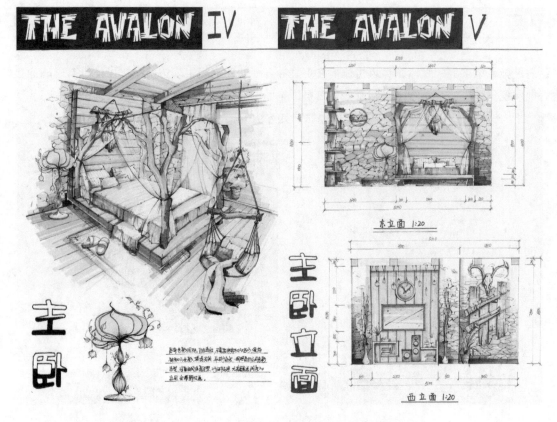

图10-8　主卧室效果图及主卧室立面图（涂瑶）

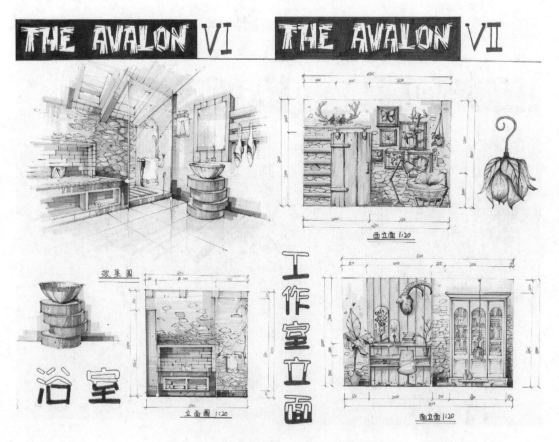

图10-9　浴室效果图及工作室立面图（涂瑶）

作品分析（五）　　　　　　　　　　　　　　　　　　　　　　　　　FIVE

　　陈艺旋设计的是新中式风格的别墅。居住者为一对中年夫妇。别墅共有三层，地下一层，地面以上两层。空间布局较合理，能通过材料、色彩、家具等元素共同烘托出沉稳的居住氛围。（图10-10）

图 10-10　新中式风格起居室及主卧室设计（陈艺旋）

作品分析（六）　　　　　　　　　　　　　　　　　　　　　　　　　SIX

　　刘梦瑶设计的是简约风格的别墅。该同学在设计过程中特别注重室内的陈设设计及家具的协调。该同学还专门设计了艺术氛围浓郁的画室。庭院及室内的植物配置做到了乔木、灌木相结合，营造了春有花，夏有荫，秋有色，冬有绿的居住环境。（图10-11和图10-12）

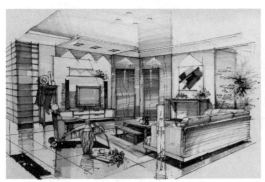

图 10-11　简约风格的起居室及艺术氛围浓郁的画室（刘梦瑶）

图 10-12　庭院水景及游泳池设计（刘梦瑶）

作品分析(七)   **SEVEN**

陈静设计的是东南亚风格的住宅。该同学在室内设计中充分运用原木、绿植进行配置，色彩以咖啡色、原木色为主，陈设设计体现出了居住者的佛教信仰。室内空间布局合理，能够运用不同的方式对室内空间进行划分，体现出了稳重、大气的居住氛围。（图10-13和图10-14）

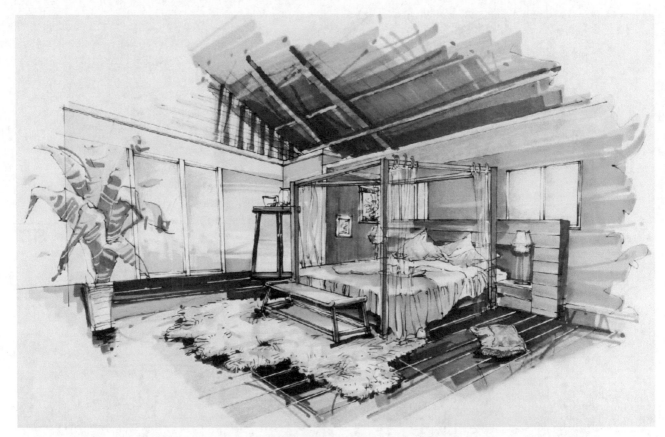

图 10-13　东南亚风格主卧室设计（陈静）

图 10-14　东南亚风格书房设计（陈静）

作品分析（八）

EIGHT

　　常鑫宇设计的是英式田园风格的别墅。该同学在室内设计中采用的材料以原木为主，同时配置绿植，色彩以咖啡色、原木色为主。室内空间布局合理，能够运用不同的方式对室内空间进行划分，体现出了温馨的居住氛围。（图10-15至图10-18）

图 10-15　一层平面图及客厅效果图（常鑫宇）

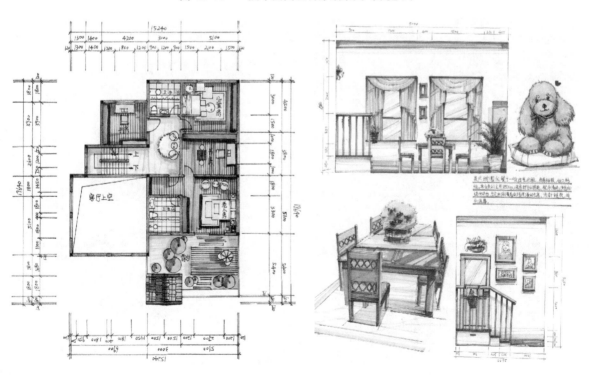

图 10-16　二层平面图及餐厅效果图（常鑫宇）

图 10-17　儿童房效果图、立面图及作品封面（常鑫宇）

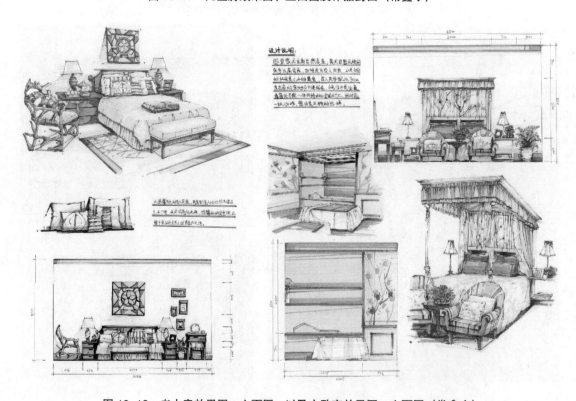

图 10-18　老人房效果图、立面图，以及主卧室效果图、立面图（常鑫宇）

作品分析（九）　　　　　　　　　　　　　　　　　　　　NINE

　　周伊设计的是新中式风格的住宅。该同学在室内设计中充分运用实木墙面，同时搭配中式风格彩绘墙纸。室内空间布局合理，立面设计细腻、生动，室外小庭院静谧、优雅，体现出一种内外交融、生动和谐的空间氛围。（图10-19和图10-20）

图 10-19　总平面图及卧室、书房设计（周伊）

图 10-20　客厅立面设计（周伊）

作品分析（十）　　　　　　　　　　　　　　　TEN

　　藏子晗设计的是现代风格的住宅，在墙面装饰、色彩搭配方面很有创意。该同学在设计过程中特别注重室内外空间中植物的配置，选择的家居陈设也非常有特色，体现出一种宁静、祥和的空间氛围。室内空间布局合理，墙面设计细腻、生动，植物配置色彩丰富。（图10-21至图10-23）

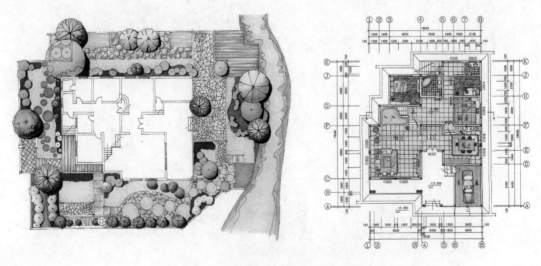

图 10-21　总平面图及一层平面图（藏子晗）

图 10-22　冷色调餐厅及客厅效果图（藏子晗）

图 10-23　女儿房和主卧室效果图（藏子晗）

作品分析(十一)　　　　　　　　　　　　　　　　　　　　ELEVEN

　　许文慧以一朵玫瑰花作为概念，设计别墅的庭院与室内空间。室内空间的装饰大多选用自然材料，用木地板搭配现代家居陈设。在庭院的设计中，将水池、植物、雕塑有机地结合在一起。（图10-24至图10-27）

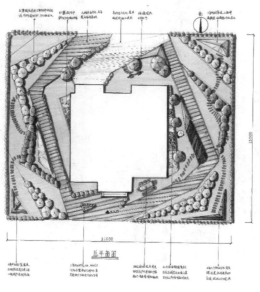

图 10-24　总平面图（许文慧）

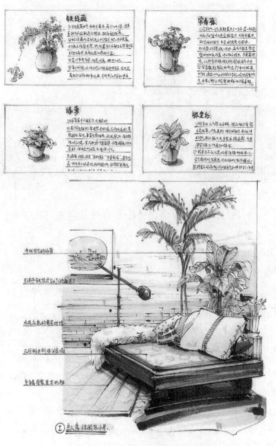

图 10-25　室内绿植选材（许文慧）

图 10-26　女儿房效果图（许文慧）

图 10-27　庭院水池效果图（许文慧）

作品分析(十二)　　　　　　　　　　　　　　　　　　　　TWELVE

　　刘丹宇以一种混搭的方式来设计别墅的室内外环境，室内环境的设计以中式风格为主，庭院环境的设计则追求东南亚风格，配有大象雕塑喷泉。客厅的设计非常独特，硬木沙发与红色靠垫相结合，彰显东方情怀。男主人工作室选用大花墙布，搭配青瓷台灯，十分有趣。（图10-28至图10-31）

图 10-28　总平面图及庭院效果图（刘丹宇）

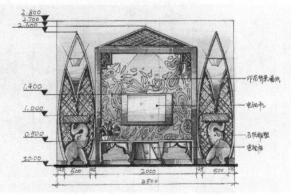

图 10-29　客厅效果图及立面图（刘丹宇）

图 10-30　男主人工作室效果图（刘丹宇）

图 10-31 卫生间效果图（刘丹宇）

作品分析(十三)　　　　　　　　　　　　　　　　　　**THIRTEEN**

罗振宏在设计居住空间时力求简洁、明快，体现出一种轻松的空间氛围。在陈设设计方面能突显个性，墙面装饰与灯具的搭配也非常和谐。图纸绘制规范、清晰。（图10-32至图10-34）

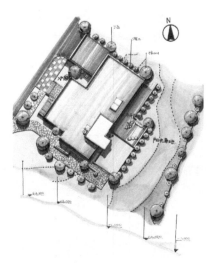
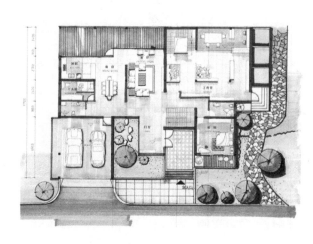
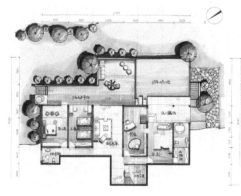

图 10-32　总平面图、一层平面图、二层平面图及客厅效果图（罗振宏）

图 10-33　起居室效果图（罗振宏）

图 10-34　工作室效果图（罗振宏）

作品分析(十四)　　　　　　　　　　　　　　FOURTEEN

　　周晨曦设计的是中式风格的住宅。庭院中配置了竹子、荷花、松树等植物，同时搭配青砖、石雕、水池，非常别致。书房内采用传统的中式家具，并以青花瓷等中式物件作为主要陈设，非常具有艺术气息。在卧室的设计中，用明快的色调营造了一种平静的氛围。（图10-35至图10-38）

图 10-35　庭院水池效果图（周晨曦）

图 10-36　庭院一角效果图（周晨曦）

图 10-37　卧室效果图（周晨曦）

图 10-38　书房、客厅立面图（周晨曦）

作品分析(十五)　　　　　　　　　　　　　　　　　**FIFTEEN**

　　刘啸设计的是一个三口之家的别墅。庭院布局完整,有廊,有桥,有池,有亭。该同学在室内空间的设计中充分利用绿植,搭配有特色的楼梯、家具、灯具等,形成了生态型的居住环境。在整体设计中充分利用弧形元素,如弧形的室外廊架等,形成了一种流线型的格局。古朴的原木家具搭配暖色调的空间环境,营造了一种自然、宁静的空间氛围。(图10-39和图10-40)

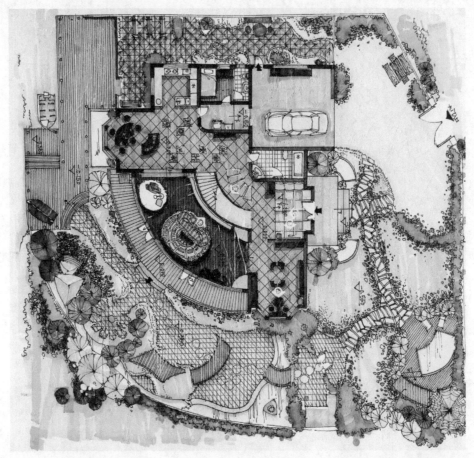

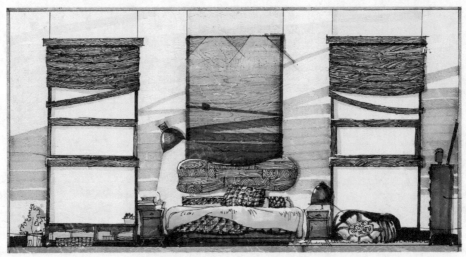

图10-39　总平面图和卧室立面图(刘啸)

图 10-40　客厅效果图、书架立面图、楼梯立面图和室外效果图（刘啸）

作品分析(十六)   SIXTEEN

　　唐慧将别墅的居住者定位为一位年轻的女性，职业为杂志编辑。该同学在居住空间的设计中注重体现细腻、清新、自然的风格特点。室内整体色调为黄色，搭配紫色和蓝色，非常具有神秘感。在陈设及家具的设计上，采用混搭的方式，营造了一种亲切、怀旧的氛围。（图10-41）

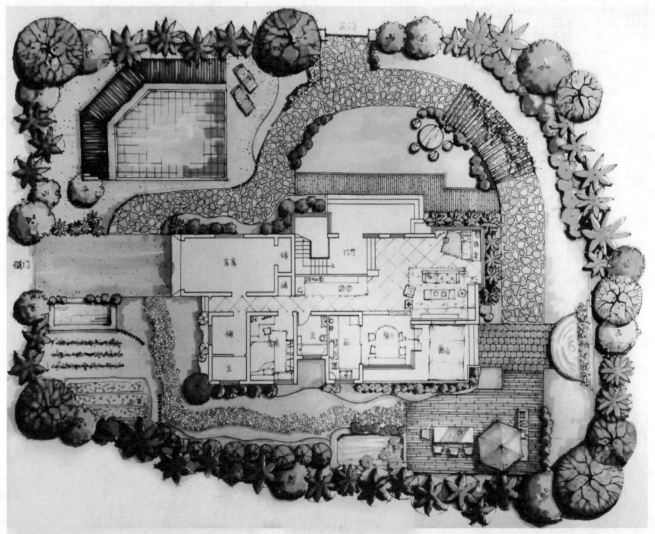

图 10-41　总平面图、书房效果图、客厅效果图和玄关立面图（唐慧）

作品分析(十七)　　　　　　　　　　　　　　　SEVENTEEN

　　余沛设计的居住空间从整体上看比较大气。在室内空间的设计中充分利用绿植，卧室中的色彩搭配较好，庭院空间层次分明，将水景、廊道和汀步巧妙地结合在一起，非常具有特色。（图10-42）

图 10-42　庭院效果图、客厅效果图、客厅立面图、卧室效果图和卧室立面图（余沛）

作品分析(十八)   **EIGHTEEN**

　　孟宇繁设计的居住空间从整体上看比较浪漫，无论是室内环境的设计还是室外环境的设计，都充分体现了女主人的个性。玫瑰花廊架、鸟语花香的阳台无不充满着浪漫的气息。该同学立面设计丰富多样，特别注重对细节的考虑。（图10-43）

图 10-43　客厅效果图、庭院廊架效果图和阳台效果图（孟宇繁）

作品分析(十九)　　　　　　　　　　　　　　　　　　　　NINETEEN

　　赖瑾在居住空间的设计中采用的家具主要是朴素的原木家具和藤编家具，在许多房间的角落都搭配了绿色小植物，十分有趣。效果图绘制规范、清晰，整体效果较好。（图10-44）

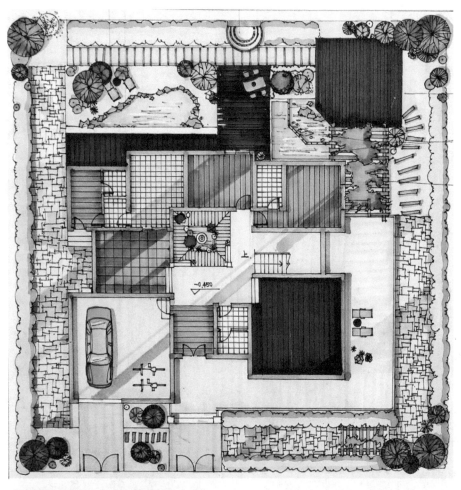

图 10-44　总平面图、阳台效果图和吧台效果图（赖瑾）

作品分析（二十）　　　　　　　　　　　　　　　　**TWENTY**

　　胡雯设计的是一个三口之家的别墅，整体上采用简欧风格。室内家具和陈设多为金色和棕色，庭院设计中西结合，既有曲径通幽之处，又有欧式秋千和花架，植物配置十分丰富。（图10-45）

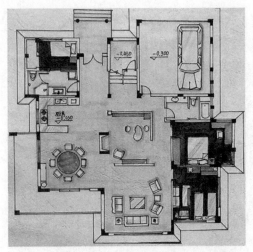

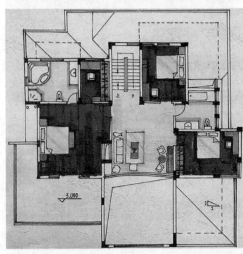

图 10-45　别墅平面图、卧室效果图和起居室效果图（胡雯）

作品分析(二十一)　　　　　　　　　　TWENTY-ONE

　　周海燕设计的是新古典主义风格的别墅,主人是一位音乐家。整体的室内设计充满着静谧之美,餐厅和起居室多采用古朴的家具和陈设,室内的小雕塑也充分体现了主人的艺术品位,阳台上的紫藤廊架也显得十分有情调。该同学手绘表达清晰、自然,陈设细节表达较好。　(图10-46)

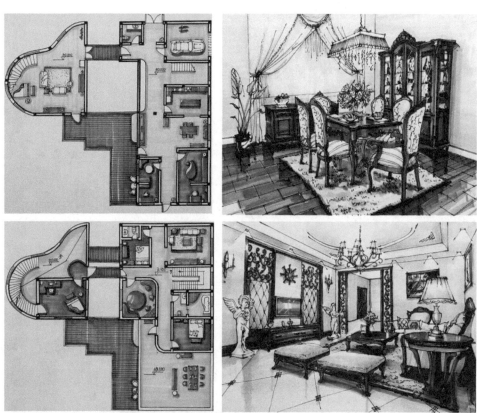

图 10-46　别墅平面图、餐厅效果图、起居室效果图和阳台效果图 (周海燕)

作品分析(二十二)   **TWENTY-TWO**

　　李大川在设计别墅时采用了中式风格与现代风格相结合的方法。卧室内的吊顶采用了中式歇山顶的简略形式，大方而雅致。书房采光、通风良好，适合于阅读。（图10-47）

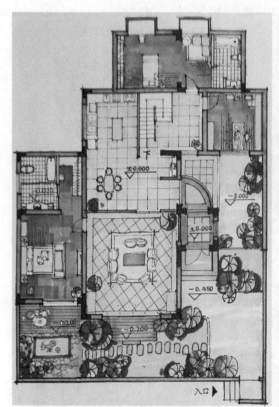

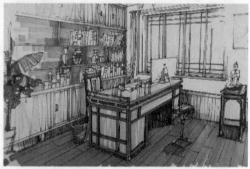

图10-47　别墅平面图、书房立面图、书房效果图和卧室效果图（李大川）

BIBLIOGRAPHY

[1] 任康丽,苏和.家具与陈设艺术设计[M].武汉:华中科技大学出版社,2016.

[2] 张绮曼,郑曙旸.室内设计资料集[M].北京:中国建筑工业出版社,1991.

[3] 周浩明.可持续室内环境设计理论[M].北京:中国建筑工业出版社,2011.

[4] 任康丽,李梦玲.家具设计[M].2版.武汉:华中科技大学出版社,2016.

[5]《时尚家居》编委会.时尚家居[M].北京:中国建筑工业出版社,1999.

[6] 飞利浦照明.室内空间照明设计灵感手册[M].北京:中国轻工业出版社,2007.

[7] 许东亮.光的表达[M].南京:江苏凤凰科学技术出版社,2017.

[8] 福多佳子.照明设计[M].北京:中国青年出版社,2015.

[9] 朴顺子,尚少梅.老年人实用护理技能手册[M].北京:北京大学医学出版社,2011.

[10] 朱昌廉,魏宏杨,龙灏.住宅建筑设计原理[M].3版.北京:中国建筑工业出版社,2011.

[11] 傅燕,张玲玲.住宅储藏空间的优化设计[J].华中建筑,2006(10).

[12] 苏丹.住宅室内设计[M].北京:中国建筑工业出版社,1999.

[13] 刘盛璜.人体工程学与室内设计[M].2版.北京:中国建筑工业出版社,2004.

[14] SUSANKA S. The not so big house[M]. Connecticut:Taunton Press,2001.

[15] KICKLIGHTER C E, KICKLIGHTER J C. Residential housing[M]. Illinois:Goodheart-Willcox Publisher, 1992.

[16] X-Knowledge Co.,Ltd.布艺与家具设计终极指南[M].武汉:华中科技大学出版社,2015.

[17] 吴卫光.住宅室内设计[M].上海:上海人民美术出版社,2017.

[18] 赵一,吕从娜,丁鹏,等.居住空间室内设计——项目与实战[M].北京:清华大学出版社,2013.

[19] 刘传军.家居色彩设计速查[M].北京:化学工业出版社,2015.